序言

中央城市工作会议对新时期的城市工作进行了全面部署，明确了着力提高城市发展的可持续性、宜居性的战略方向。上海正在为贯彻落实中央精神、推动城市转型发展付诸努力。《上海市城市总体规划（2016—2040）》提出了“卓越的全球城市，令人向往的创新之城、人文之城、生态之城”的城市发展目标，《上海市街道设计导则》（以下简称《导则》）即是为推动实现上述宏伟愿景的而制订的技术性文件之一。

街道，是城市最基本的公共产品，是城市居民关系最为密切的公共活动场所，也是城市历史、文化重要的空间载体。城市道路、附属设施和沿线建筑等诸多元素共同构成了完整的街道空间。活动的行人、运动的车辆、流动的空间共同构成了各具特色的街道生活。过去几十年，上海城市道路建设取得巨大的成就，解决了当时交通能力不足制约城市经济社会发展的突出问题，积极应对城乡布局的扩展和机动化水平的提高所提出的新要求，但同时也给城市街区活力、历史人文传承、城市安全出行带来压力和挑战。片面注重机动车通行的道路也已经越来越难以满足市民对于街道生活和社区归属感的向往，迫切需要推动道路向街道进行“人性化”的转变。

在现代城市生活中，街道日益被赋予多重角色。一条理想的街道，不仅仅是供车辆、行人通行的基础设施，还应该有助于促进人们的交往与互动，能够寄托人们对城市的情感和印象，有助于推动环保、智慧的新材料、新技术的应用，有助于增强城市魅力和激发经济活力。

上海是一座历史与现代交相辉映的国际化大都市，在传统街道的历史留存和特色街道的创新实践方面都有许多宝贵的资源。导则从上海的优秀实践案例中提炼萃取街道设计的关键要素，形成设计策略和导引，有助于设计者、建设者、管理者和使用者从更广的视角来认识街道，用更多元的手段来塑造街道，使街道成为具有“场所精神”的魅力空间。

街道属于公众，本次《导则》的编制非常注重公众的参与，是由多个管理部门、多个设计团队、多领域学者专家和广大市民历时一年多共同参与完成的成果。期间，住建部领导、上海各级领导给予《导则》高度的关心和支持。对此，我们表示由衷的感谢。

《导则》的生命力在于实践，需要在实践中不断推动和完善。希望上海街道的设计和实施能够继续得到各界的关注和支持，让街道伴随着上海城市一起呼吸、成长，实现广大市民对上海未来的共同梦想。

FOREWORD

The Central Committee Conference on Urbanization by the Communist Party of China has made overall urban work planning in the new age, and identify the strategy of making cities more sustainable and livable. Under such guiding principles, Shanghai is channeling great energy into its urban transformation. The Shanghai Master Plan (2016-2040) puts forward primary objectives of making Shanghai an innovative, prosperous city of balanced ecosystem and cultural heritage. To make these visions possible, Shanghai Street Design Guidelines is prepared.

Streets, a fundamental public space which allows the most intimate connection among citizens, represents an important carrier of history and culture. A complete street space comprises urban roads, ancillary facilities, buildings along roads and many other elements. Pedestrians, vehicles and space combined present distinctive street life. In the past decades, Shanghai has made great headways in its road construction. It worked to increase public traffic capacity for better economic and social development, and meet new requirements posed by urbanization and mechanization. This, however, brings pressure and challenges to maintain block vitality, sustain cultural progress and ensure safe trips. As vehicles-oriented roads can no longer meet increasing demands for street life and community attachment, it is in dire needs to make these streets more people oriented.

Streets in modern urban life tend to take on multiple roles. An ideal street is not only an infrastructure for vehicles and pedestrians. It should promote friendship and interaction between citizens, and convey their feelings and impression for a city. It should also promote the application of new materials and technologies good for environment, making a city more charming and vibrant in its economic development.

Shanghai represents an international metropolis where history greatness and modern development meet and melt, and boasts many valuable resources in preservation of traditional streets and innovative practices of distinctive streets. The Guidelines summarizes key elements of street design from best practices in Shanghai and develops its design strategies and principles. Thanks to these Guidelines, street designers, constructors, managers and users will understand streets in a wider spectrum and build streets with varied methods, making streets a charming place of essence.

Streets are of and for the public, so the preparation of the Guidelines especially sought the participation of the public. It is made possible by joint efforts of administrative authorities, design teams, experts from various areas and local citizens for more than one year. Of particular note, we would like to express our sincere gratitude to leaders at all levels, especially those from Shanghai Provincial Department of Housing and Urban-Rural Development who have given great concern and support to the preparation. The vitality of Guidelines lies in continuous practices, and only practices make for its improvement. We hope that continuous public attention and support are given to Shanghai street design and practices, making streets grow together with Shanghai, and realizing our common aspiration for a better Shanghai.

目录
CONTENT

N°5
百联世茂国际

锦江之星
酒店
上海时装商店
SHANGHAI FASHION STORE
First Foodhall
Madame Tussauds

INTRODUCTION
引言

1. 背景与意义 Background and significance

进入21世纪以来，建设充满活力、注重社会和谐、可持续发展的城市，已成为全球主要城市的共同目标，并随之形成街道重塑的浪潮。各地政府普遍认识到，在街道中增加对步行、自行车和城市生活的关注，对于实现上述目标有着巨大的推动作用。

中国城市发展也已迈入历史性新时期。中央城市工作会议突出强调了“创新、协调、绿色、开放、共享”的发展理念，要求不断提升城市环境质量、人民生活质量、城市竞争力，建设和谐宜居、富有活力、各具特色的现代化城市。《中共中央 国务院关于进一步加强城市规划建设管理工作的若干意见》进一步提出“推动发展开放便捷、尺度适宜、配套完善、邻里和谐生活街区”，树立“窄马路、密路网”的城市道路布局理念，加强自行车道和步行系统建设，倡导绿色出行。

与此同时，上海正在编制新一轮城市总体规划，积极谋划未来城市发展。《上海市城市总体规划（2016—2040）》提出了“卓越的全球城市，令人向往的创新之城、人文之城、生态之城”的城市发展目标，着力转变城市发展方式，通过城市有机更新实现内涵式增长。

加强城市设计工作，是实现以上发展目标和工作要求的重要途径。街道设计不仅是城市设计的重要内容，更是当前加强城市设计工作的首要切入点。通过加强街道设计，可以进一步改进城市公共服务供给，激发城市活力，提升城市文化内涵和塑造城市精神。

2. 转型与创新 Transformation and innovation

街道，是城市最基本的公共产品，是与城市居民关系最为密切的公共活动场所，也是城市历史、文化重要的空间载体。在新形势下，加强街道的建设和更新是满足人民群众对公共产品和公共服务需求的重要途径。在以往的城市道路建设发展中主要关注系统性的交通功能，对以服务街区为主的慢行交通以及服务沿街活动的场所功能关注相对不足。为此，必须对既有的建设模式进行转型与创新，实现从道路到街道的转变。导则结合上海实际，提出了理念、方法、技术和评价四个方面的转变，并围绕“四个转变”制定了街道设计的目标和导引。

- 从“主要重视机动车通行”向“全面关注人的交流和生活方式”转变；
- 从“道路红线管控”向“街道空间管控”转变；
- 从“工程性设计”向“整体空间环境设计”转变；
- 从“强调交通效能”向“促进街道与街区融合发展”转变。

3. 导则的应用
Application of guidelines

加强街道设计与建设是一项从观念到实践的系统性工作。《上海市街道设计导则》旨在明确街道的概念和基本设计要求，形成全社会对街道的理解与共识，统筹协调各类相关要素，促进所有相关者的通力合作，对规划、设计、建设与管理进行指导，推动街道的“人性化”转型。

读者对象 Target readers

本导则的读者对象包括所有与街道相关的管理者、设计师、建设者、沿线业主和市民。管理者主要包括城市规划、建设、交通、交警、绿化市容、基层政府组织等相关政府部门的管理人员；设计师主要包括规划师、城市设计师、建筑师、道路工程师、景观设计师等。

适用范围 Application range

本导则适用于除快速路之外的城市道路。其中，城市支路以及具备商业、生活服务或景观休闲功能的主次干路和非市政通道是街道设计导则的主要应用对象。

应用阶段 Application phase

优秀街道的塑造需要规划、建设与管理全过程的努力，需要城市规划、交通设计、道路工程设计、沿街建筑设计及相关空间与设施的使用管理等环节的通力合作。其中，建设实施阶段是导则应用的主要阶段。

与相关规范的关系 Relations to related norms

对于城市道路和沿街建筑的设计、建设、运营，已有规划管理、建筑设计、防火要求、道路工程、城市绿化、市容管理等行业与部门规范对其进行约束。主干路和交通性的次干路、支路原则上以相关规范为设计准则，如果按《导则》实施需突破相关规范要求，应进行专题论证，确保交通安全底线。

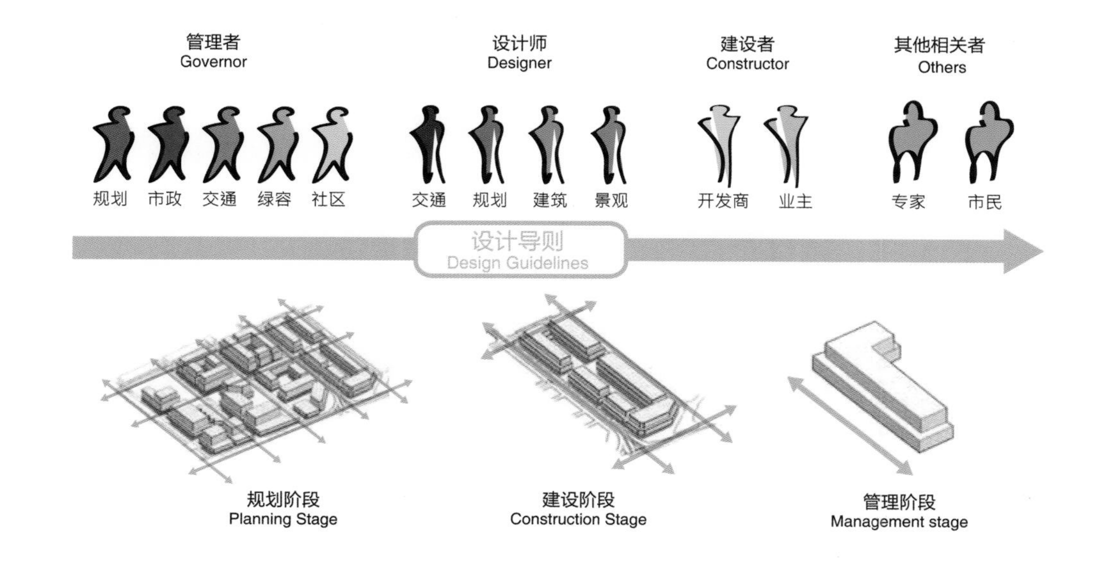

4. 设计要素 Design elements

导则重点对街道空间内与人的活动相关的要素进行设计引导，主要可以划分为交通功能设施、步行与活动空间、附属功能设施与沿街建筑界面四大类型。

交通功能设施 Traffic facilities

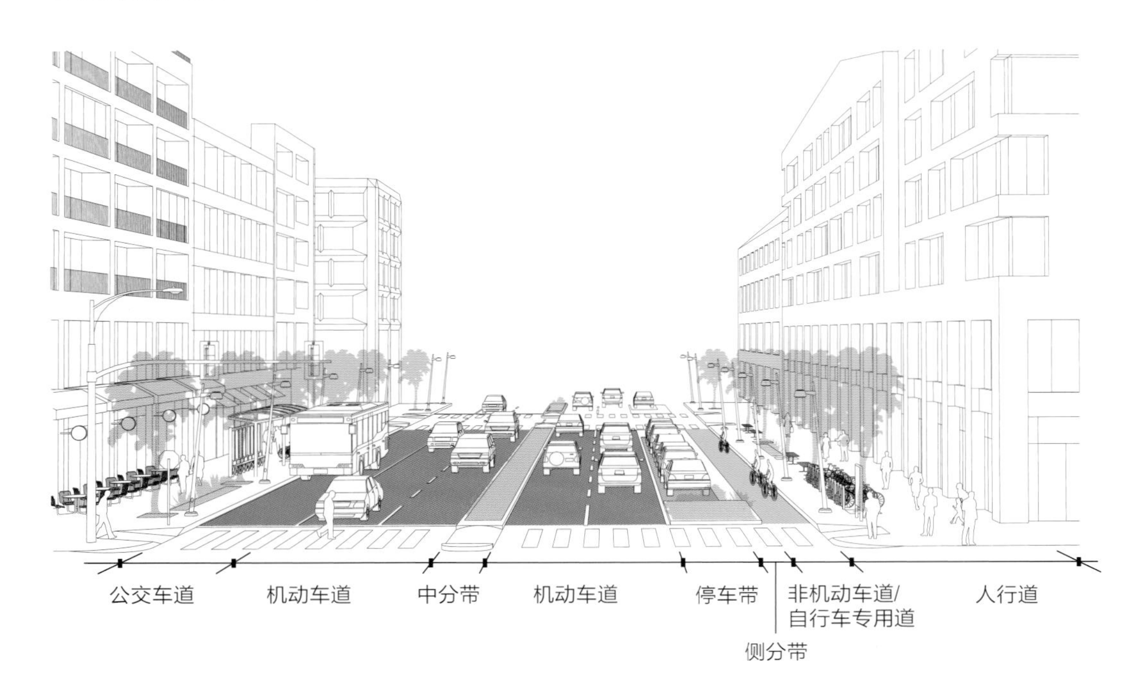

步行与活动空间 Walk and activity space

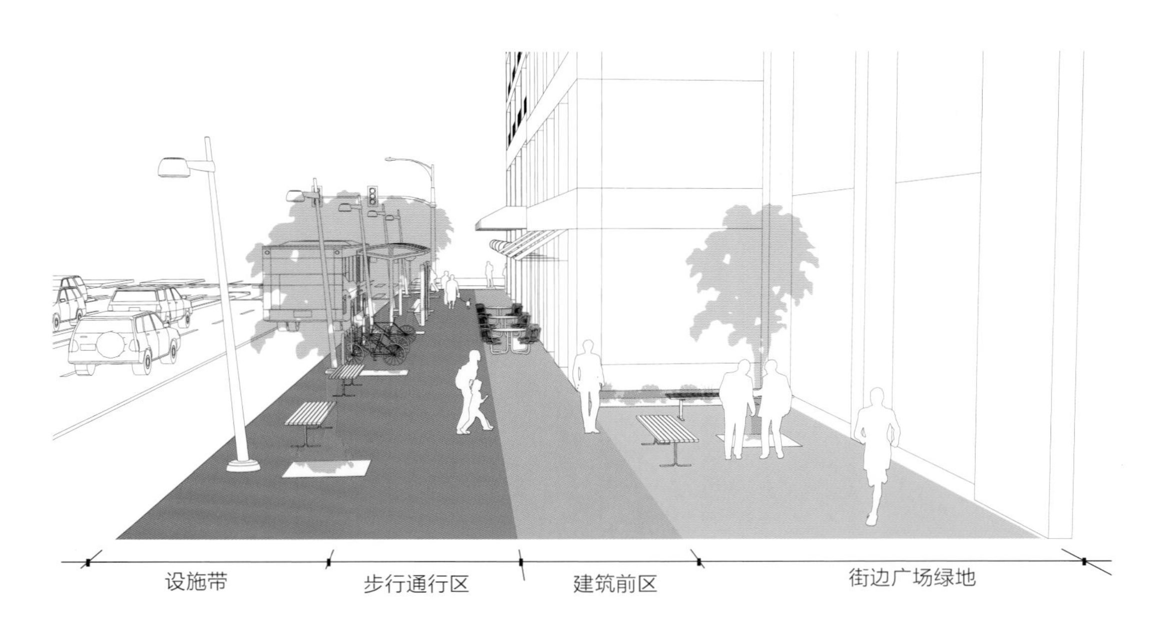

附属功能设施 Auxiliary function facilities

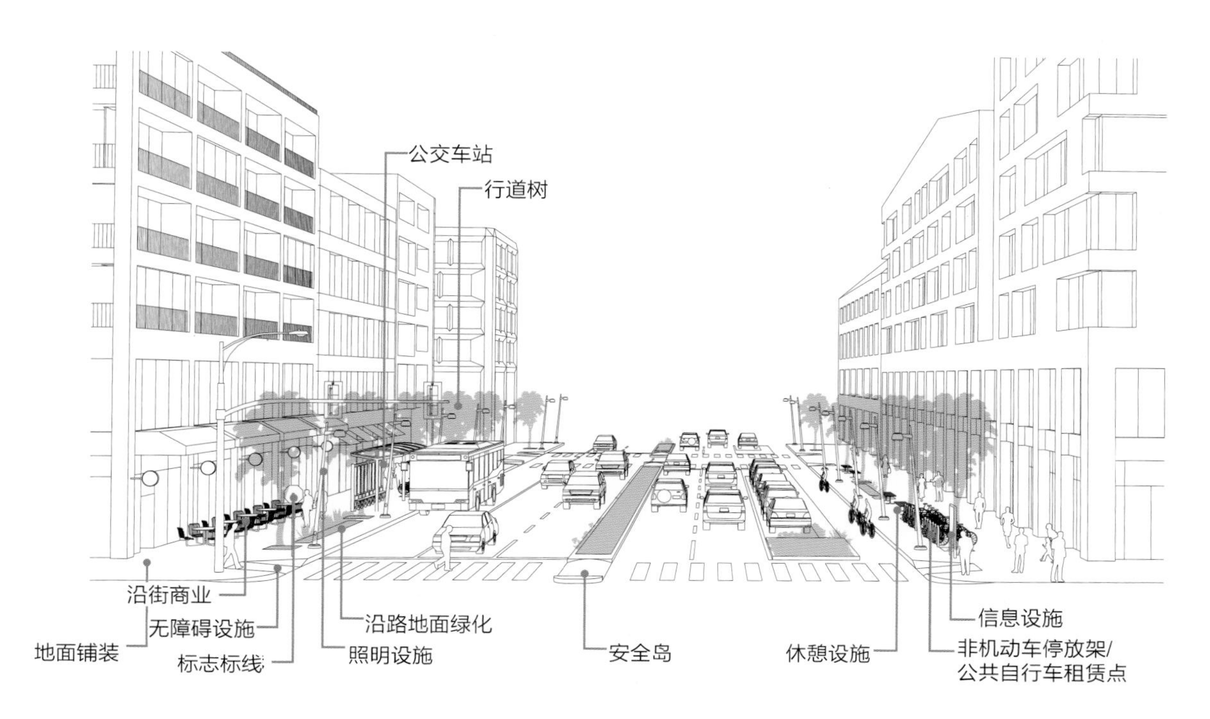

沿街建筑界面 Street facade

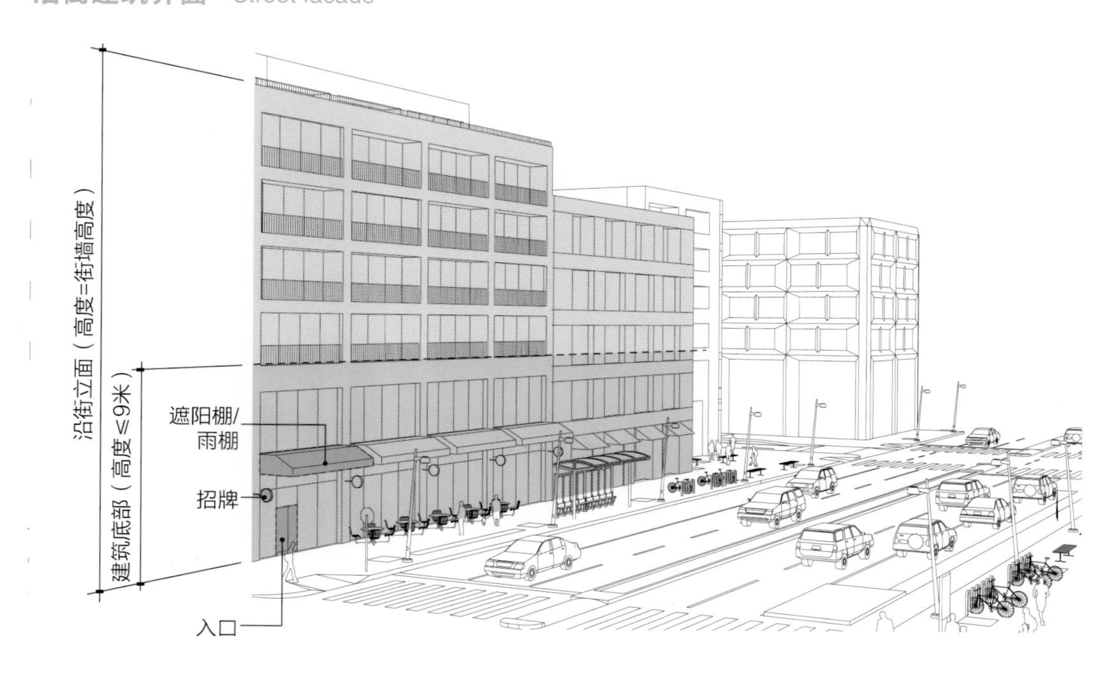

1

街道与城市
STREET AND CITY

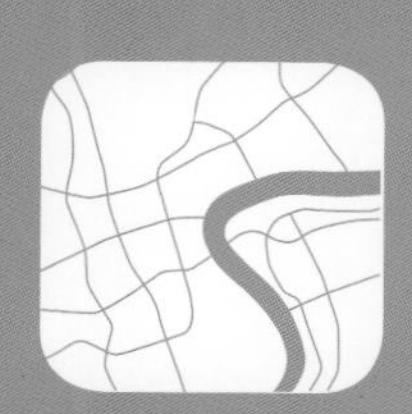

第一章 CHAPTER 1

城市肌理与街道

URBAN CONTEXT AND STREETS

第二章 CHAPTER 2

街道分类

STREET CLASSIFICATION

第三章 CHAPTER 3

从道路到街道

FROM ROADS TO STREETS

第一章

城市肌理与街道

CHAPTER 1 URBAN CONTEXT AND STREETS

城市肌理是路网形态、街区尺度、道路模式、建筑式样和组合方式等关联要素共同塑造出的城市形态空间格局，也是不同社会经济文化环境下城市印象的特色展示。不同的交通与生活方式造就和改变着城市肌理，城市肌理也影响着交通与生活方式的选择。街道是城市肌理的主要构件，也是展示城市文化的重要载体。在开埠170多年的发展过程中，上海形成多样的路网格局以及与之相对应的街道空间，城市肌理的演变，反映了上海城市的发展和生活方式的变迁。

Urban texture is the spatial pattern of a city shaped by relative elements like road network form, block scale, road mode, architectural style and combination modes, and also represents city impressions in different social, economic, and cultural backgrounds. Urban contexts changes to traffic and lifestyle, and also impacts the choice of traffic and lifestyle. Streets are the structural elements of urban context and key carriers for showing the urban culture. After opening for over 170 years, Shanghai has formed diverse road grids and corresponding street space. The evolution of urban context reflects the changes in Shanghai's urban development and lifestyles.

1. 开埠前江南水乡的传统街巷

Traditional streets and alleys of riverside town before opening

上海原是一个由渔村发展起来的沿海集镇。元朝至元二十八年（1291）设县，而后筑城。1843年上海开埠前，城内及城外黄浦江沿岸已有街巷百余条。

河浜和街巷共同构成了当时的交通系统。河浜水道密集，其大者可行船，小者服务于居民生活；街巷多沿河而筑，曲折狭窄，一般宽度仅有6尺（2米）左右，供人行走和通行轿子、独轮车，仅有作为官员迎送必经之路的东门外大街和县衙官署所在的太平街较宽阔。街巷路名则约定俗成并不讲究，家族聚居普遍，许多街巷以姓氏命名，如沿用至今的梅家街（当时为梅家巷）。

水陆交织造就众多桥梁，许多地方因桥成市而孕育出丰富的市井生活，民宅、商店沿河岸和街巷紧密布局，体现了江南水乡风貌的典型。

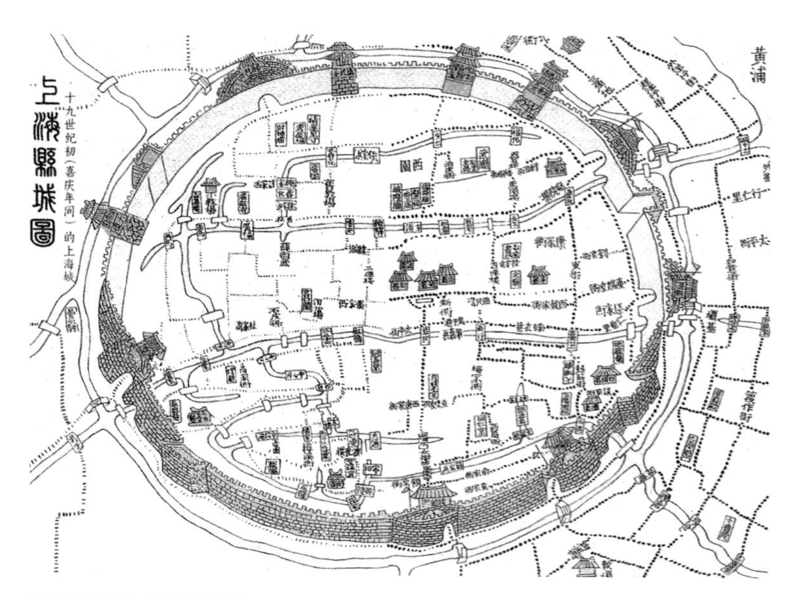
清嘉庆年间上海县城图
Map of Shanghai county in the reign of Emperor Jiaqing of the Qing Dynasty

南京路，19世纪初
Nanjing Road, early 19th century

2. 开埠后引入现代城市营造理念
Introduction of modern city ideas after opening

1843年上海开埠，英租界、美租界与法租界相继建立并不断扩张；英、美租界于1863年合并，于1899年改称上海国际公共租界（简称公共租界）。除了租界内的道路建设外，越界筑路与租界扩张交替进行，到民国八年至十四年（1919—1925）基本定型。两大租界路网格局整体均呈棋盘形，公共租界内许多道路由填浜筑路而来，线形弯曲；法租界道路则大多顺直，并在棋盘路网中引入了放射形道路。

早期租界道路仅5、6米宽，以轿子为主要代步工具。19世纪50年代，马车被引入租界，道路宽度也开始使用标准模数进行建设。公共租界道路宽度以30英尺和40英尺为主；法租界除个别主要道路外，大多数道路宽42英尺（12.8米）。这一时期，人车混行致使交通混乱，威胁行人安全，因此自1861年起开始划分道路空间，铺设人行道 。进入20世纪，租界范围大幅扩展，经济日益繁荣，出行距离与出行量相应增加，有轨电车成为主要公共交通工具，小汽车不断增多，原有路幅宽度已难满足需要。公共租界在多次道路规划中逐渐加宽路幅，部分道路截弯取直，至1938年规划干道宽度达到60英尺及以上。法租界西区采用40英尺、50英尺、60英尺、70英尺作为主要道路宽度，许多道路也经历过路幅加宽，至1914年，霞飞路（今淮海中路）和贝当路（今衡山路）规划宽度分别为80英尺和70英尺。道路展宽与取直主要结合建筑更新进行渐进式实施，并没有完全实现，也造就了今天许多街道参差不齐的界面。

表1-1 早期上海租界道路宽度
Tab. 1-1 Road width in early Shanghai Concession

英尺	30	40	50	60	70	80
米	9.14	12.19	15.24	18.29	21.34	24.38

租界内的建筑与道路的关系十分密切。商业、办公与里弄住宅临街大多采用围合式沿街道紧密布局，形成连续街道界面。随着拓宽和环境改善，街道逐渐成为商业活动的主要场所，南京路（今南京东路）、静安寺路（今南京西路）、霞飞路是当时最为繁华的商业街，其他许多街道也是商铺林立，热闹非凡。按照当时的建筑规定，建筑限高为所临街道宽度的1.5倍，在街道空间与城市形态之间建立起紧密联系。在街坊内部，采用行列式排布的里弄住宅之间形成密集的巷弄，这些巷弄既是步行交通空间，也是日常公共空间，供居民交往交流、儿童玩耍等，创造出亲切的邻里氛围。

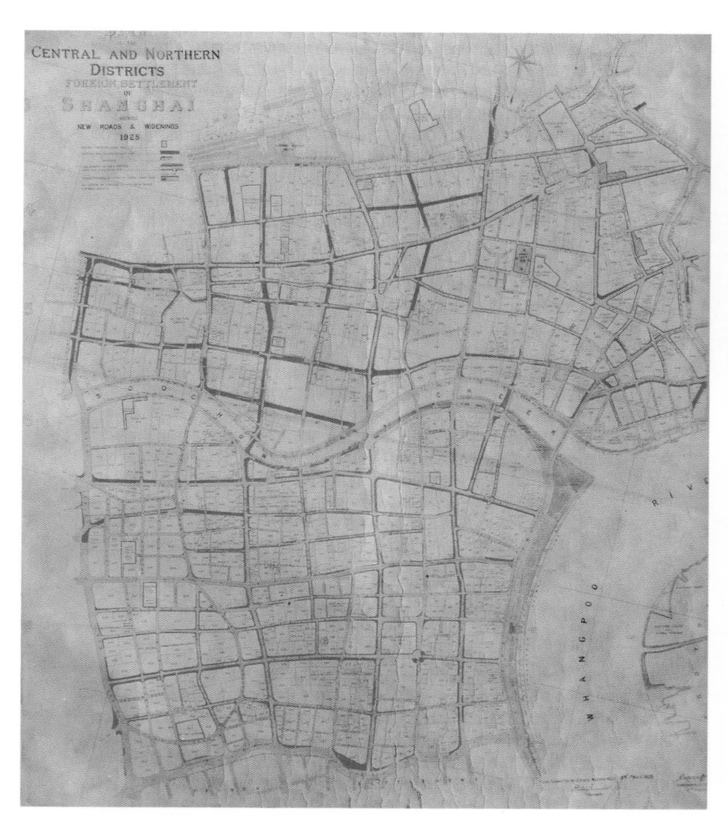

公共租界中区和北区道路规划图，1925年
Traffic planning for Central Zone and North Zone of International Settlement, 1925

南京东路，1936年
East Nanjing Road, 1936

上海城市鸟瞰，1945年
Bird view of Shanghai, 1945

上海用中国省名和城市名命名道路的习惯，源于英、美租界合并初期为整顿租界内路名制定的原则：凡南北走向的街道以各省的名称命名，东西走向的街道以城市名称命名，四川路、河南路、九江路、汉口路的路名均由此而来。

在租界之外的华界，以1897年的外马路为起始标志，开展了一系列道路建设活动。1930年代，市政当局编制《大上海计划》，并在江湾地区建设中心区，规划了细密的路网与宏伟的公共建筑，试图与租界进行竞争。

1945—1949年，市政当局编制了《大上海都市计划》，成为上海结束百年租界历史后首次编制的上海市全行政区完整的城市总体规划。规划采用了功能分区、组团布局和有机疏散的理念，并对全市路网进行了系统性的道路规划。

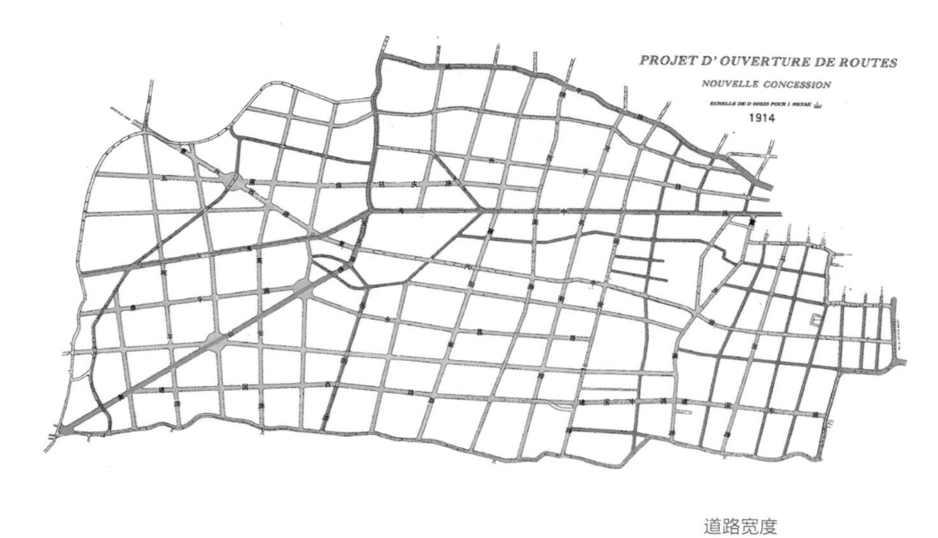

道路宽度

70英尺
60英尺
50英尺
40英尺

上海法租界道路系统规划图，1914年
Traffic planning for French Concession, 1914

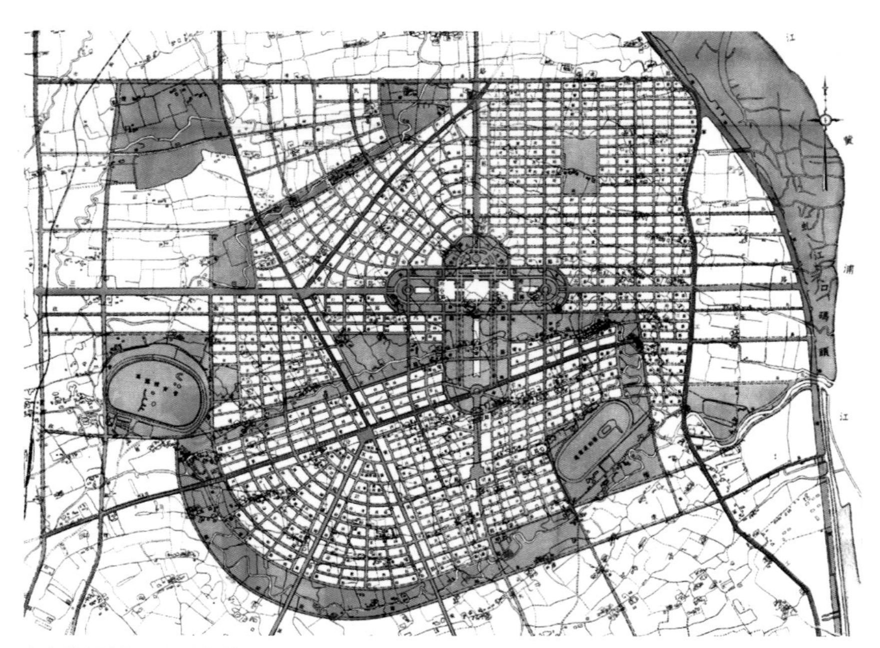
大上海计划，1930年代
The Greater Shanghai Plan, 1930s

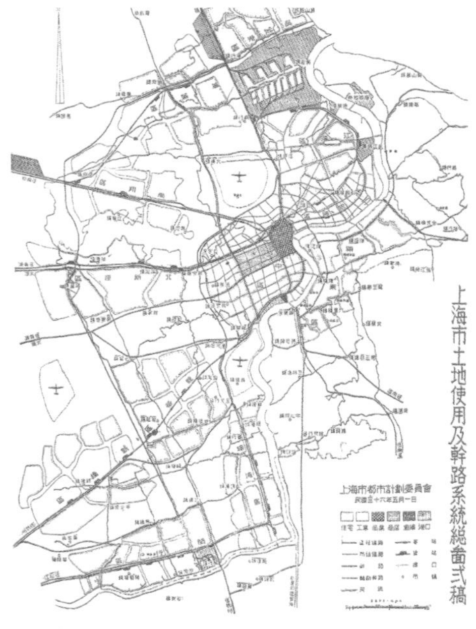

大上海都市计划干路系统总图，1947年
Main Road Map for the Greater Shanghai Plan, 1947

3. 1949—2000年的发展与变化
Development and changes in 1949—2000

新中国成立后，上海中心城的路网系统进行数次调整，1953年苏联专家穆欣提出了环形放射干道系统，1958年完成的《上海市干道系统规划图》提出“中山环内棋盘、环外放射”的路网格局，中山环路宽度为50米，1959年的规划将中山环路放宽至80米，其他环路和主干道为40~60米，1961—1964年又将多数干路宽度和中山环路宽度分别缩减至32米和59米。而后，1973年的道路系统规划、1983年配合总体规划的道路系统调整规划、1987年局部路网调整与路幅宽度调整规划、1994年内环线内干道系统及红线宽度调整规划及其后的中心城内外环线间干道系统及红线宽度调整规划等，逐步形成目前的路网。

曹杨新村是1950年代初规划建设的工人新村的典型代表。新村采用了形态较为自由的路网，道路走向因地就形，街区尺度在150~250米，道路宽度多为12米；低层和多层住宅采用行列式布局，商业、文化等生活服务设施中心集中布置于主要道路交叉口，街道的空间形态与功能活动发生了变化。

1958年起建设的卫星城镇中，闵行、天山与张庙采用了“一条街”的布局形式，住宅建筑沿街设置，形成连续空间界面，将商场、饭店、银行、邮局等主要的生活服务设施设在首层，形成繁华热闹的生活性街道。

改革开放后，城市进入空间快速拓展时期，机动车与非机动车数量不断增加，路网的建设重点放在提高机动化交通的通行能力上，并于1990年开始建设轨道交通。

1980年代至1990年代，中心城新建和扩建了一批新的住宅新村，并开始建设商品房小区。与建国初期的新村相比，这一时期的住宅区街坊规模更大，内部设置街坊路与总弄；多层的行列式住宅与点式住宅相结合，建筑布局方式更为灵活；商业设施、公共设施仍然以集中式布局为主，许多住区内部环境优美。

同时，一批重点新区先后建设，包括虹桥经济技术开发区、古北新区、陆家嘴金融贸易区等。在整体路网方面，三个地区因地制宜，在兼顾实用性的同时，注重结合城市设计，塑造地区特色。在功能布局与空间形态上，虹桥开发区强调功能分区，领馆区、办公旅馆区、居住区及大型花园相互独立，利用大尺度退界形成的景观绿地分隔建筑与道路，大型

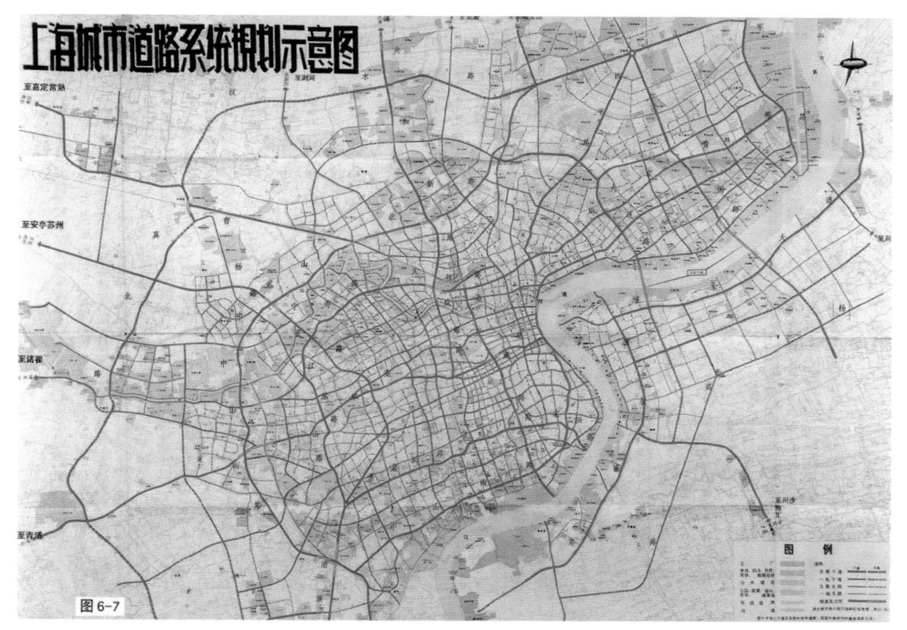

上海城市道路系统规划示意图，1973年
Shanghai Urban Road System Planning Plot, 1973

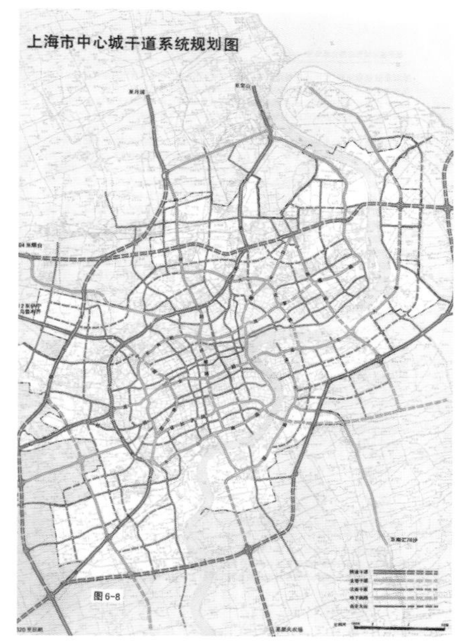

上海市中心城干道系统规划图，1984年
Main Road System Planning for Downtown Shanghai, 1984

商场代替了沿街商店。小陆家嘴地区道路设计较为关注交通功能，建筑形态布局注重轴线、对景、天际线等形象要素。古北新区注重通过沿街建筑塑造街道空间，以黄金城道为主要公共活动轴，两侧布置沿街商业，形成活力、宜人的街道公共空间。

1990年代末，上海将南京东路与吴江路改造为商业休闲步行街，对沿街建筑的形象与功能业态进行整治，对街道环境设施进行提升，依托街道展现城市形象，促进商业发展与城市活力。

曹杨新村平面图，1980年代
Plan of Caoyang New Village, 1980s

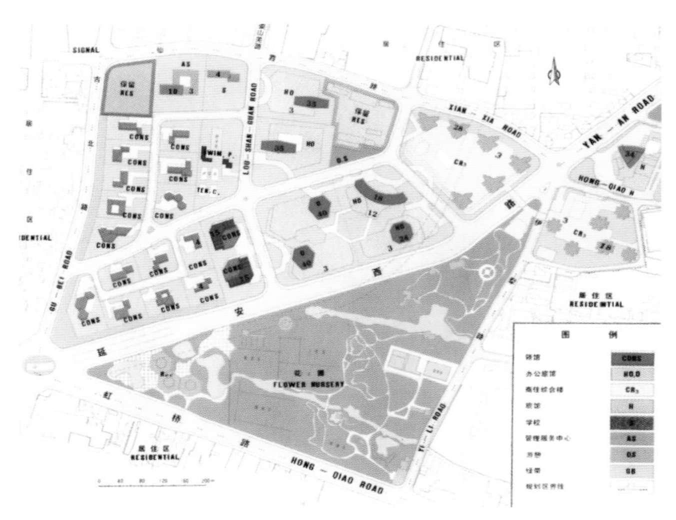

虹桥新区规划，1984年
Planning Diagram of Hongqiao New Area, 1984

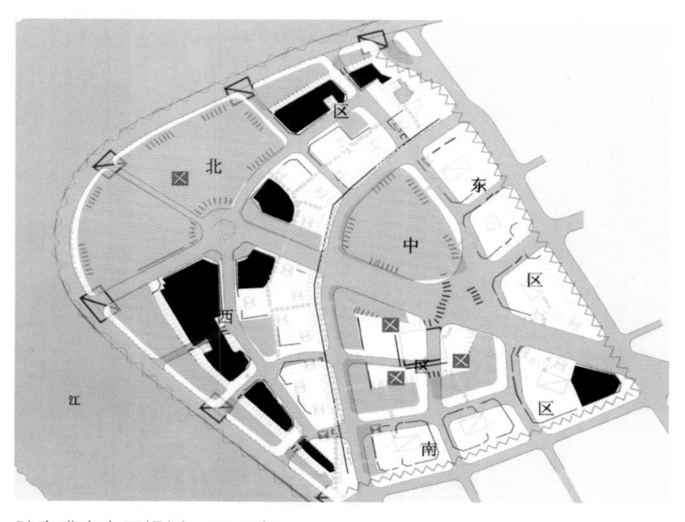

陆家嘴中心区规划，1993年
Planning Diagram of Lujiazui Central District, 1993

4. 新世纪以来的多元化探索与人性理念回归

Diversified exploration and focus on people after 21st century

进入新世纪以后，上海城市发展速度进一步加快，新区开发和旧区改造对中心城的城市肌理和路网格局带来很大影响和改变。在以“一城九镇”为代表的郊区建设中，对城镇风貌进行了一系列探索，并形成许多富有特色的城市肌理与路网格局。伴随着城市形态的快速拓展，孤立的高层写字楼、大型商业综合体、孤立的门禁社区、集中的办公园区成为常见建设形式，城市活动被转移到地块内部，街道逐渐丧失活力。

近年来，徐汇滨江、虹桥、桃浦等许多地区在规划建设中贯彻人性化的城市设计理念，对“密、窄、弯”的路网格局与围合式建筑进行尝试。杨浦大学城以一种全新的方式延续了过去规划中的密路网、小街坊理念，经过十几年的建设，已经形成空间紧凑、功能复合的开放式街区，展现出充满活力的街道生活。

上海还开展了既有道路的改造与更新。外滩地区的中山东一路将地面道路原有的10车道缩减到4车道，将另外6条车道转移到地下，大大增加人行空间，提升了慢行体验。在历史风貌保护方面，上海确定144条风貌道路，注重保护和延续街道空间格局以及建筑与绿化等历史要素，延续街道的人文特质，复兴街道生活。

这些悄然发生的变化也带来了生活方式的转变。让街道成为城市生活的空间，让我们的生活变得更加便利、和谐、健康，已经成为全社会的共识。同时，这种转变推动者着城市发展模式向着绿色、集约和可持续进行转型，进而提升城市风貌和城市精神。

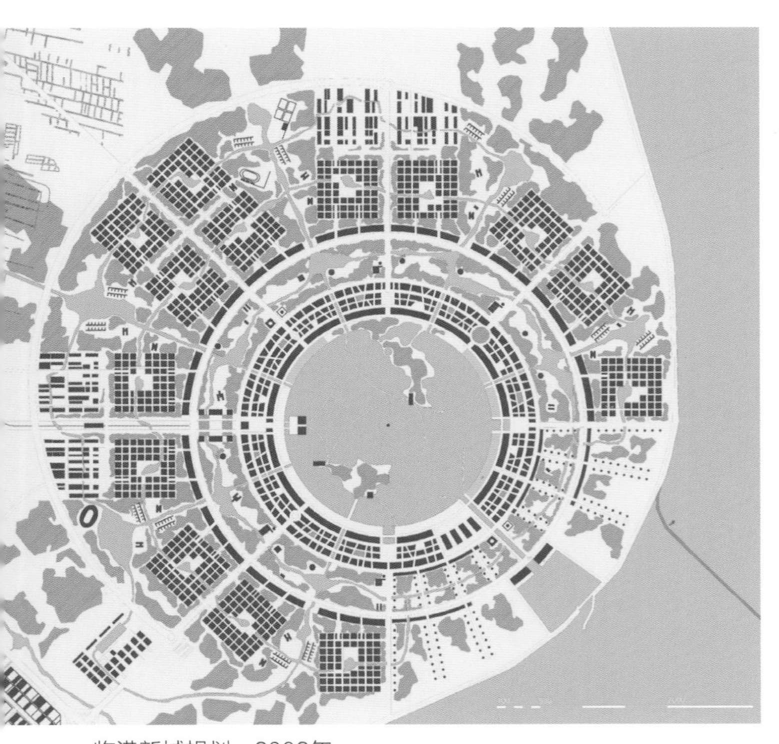

临港新城规划，2002年
Plan of Lingang New City, 2002

安亭新镇规划，2002年
Plan of Anting New Town, 2002

江湾副中心规划，2006年
Plan of Jiangwan Subcenter, 2006

徐汇滨江规划，2011年
Plan of Xuhui River Front, 2011

世博A片区规划，2012年
Plan of EXPO District A, 2012

桃浦科技智慧城规划，2016年
Plan of Taopu Smart City, 2016

上海城市肌理样本

2公里 x 2公里

Samples of Urban Context in Shanghai

2 km × 2 km

老城厢，18世纪
Old Town, 18th century

外滩地区（至西藏中路），19世纪40年代
Bund (to Middle Xizang Road), 1840s

衡山路、复兴路地区，20世纪10年代
Hengshan Road, Fuxing Road surrounding area, 1910s

静安寺地区，20世纪20年代
Jing'an Temple District, 1920s

江湾，20世纪30年代
Jiangwan, 1930s

曹杨新村，20世纪50年代
Caoyang New Village, 1950s

曲阳新村，20世纪80年代
Quyang New Village, 1980s

漕河泾，20世纪80年代
Caohejing, 1980s

陆家嘴，20世纪90年代
Lujiazui, 1990s

张江，20世纪90年代
Zhangjiang, 1990s

古北社区，20世纪90年代
Gubei Community, 1990s

古美，21世纪
Gumei, 2000s

安亭新镇，21世纪
Anting New Town, 2000s

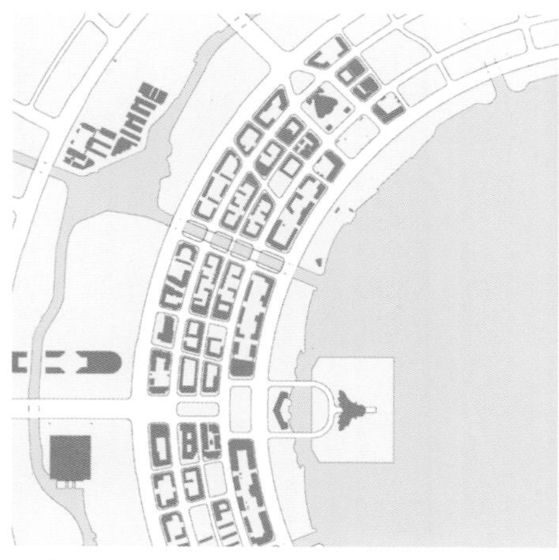

临港新城，21世纪
Lingang New City, 2000s

前滩，21世纪
Qiantan, 2010s

第二章

街道分类

CHAPTER 2
STREET CATEGORIZATION

道路是能够提供各种车辆和行人等通行的基础设施。城市道路是指在城市范围内，供交通运输及行人使用的道路。街道指的是在城市范围内，全路或大部分地段两侧建有各式建筑物，设有人行道和各种市政公用设施的道路。就概念而言，道路较为强调交通功能，可以根据交通功能划分为若干等级，而街道强调空间界面围合、功能活动多样、迎合慢行需求，根据沿线建筑使用功能与街道活动分为不同类型。

Road is a kind of infrastructure for various vehicles and pedestrians to travel on. Urban road refers to the road used by traffic, transportation and pedestrians in cities. Street is a road with sidewalk and all kinds of public facilities in the city, and most parts of it are lined with various buildings on both sides. With respect to the concept, roads focus on transport function and can be divided into several grades by their traffic function, while streets pay more attention to spatial interface enclosure, diverse functions and activities, and catering to non-motorized travel. Streets can be divided into different types based on functions of building at both sides and street activities.

1. 功能分区与道路职能

Function zoning and road function

城市交通包括客运交通和货运交通，其根本目的是实现人和物的转移。客运交通就目的性而言，主要分为通勤、商务、生活与休闲四大目的；就方式而言，可分为步行、非机动车、个体机动车交通和公共交通四种。道路是承载城市交通的主要载体，其内涵与特征因尺度、时间及所在区位的差异而不同。

商业商务办公区（公共活动中心）

Commercial and business district (urban center)

商业商务办公区开发强度较高，各种功能与设施集中，由此产生大量交通需求，应重点加强与轨道交通和地面交通的衔接，提供密集的慢行网络和高品质的慢行环境；应避免过境交通穿越城市公共活动中心，可通过在外围设置车库出入口及地下联通道等方式，对大量的车行到发交通需求与高度集中的商业、商务人流活动进行立体分流。在公共活动中心增加居住功能，能够优化地区日夜活动平衡，提升服务设施的利用效益。

居住区 Residential district

居住区是城市中面积最大的区域，是通勤、生活以及休闲交通的发生地，应形成清晰的居住组团，在组团内部提供完善的日常公共服务设施配套，引导过境交通从组团外围穿越。居住区内的道路不仅承载着交通职能，也应当成为居民社区生活的一部分，提供本地居民休闲、交流、活动的场所。居住区内部可结合主要的交通集散街道布局日常生活所需设施，形成热闹的社区主街，部分街道可适度控制活跃程度，营造静谧的居住环境。

居住区形成密集的慢行网络和便利可达的日常生活服务设施，并与公共交通紧密衔接，可以提高生活交通的慢行出行比例与通勤交通的公交出行比例，从而降低公共活动中心的交通压力。在居住区内部和周边适当增加就业岗位，可降低远距离通勤所带来的交通压力。

产业区 Industrial district

对于上海而言，产业区除了指制造业片区之外，也包括生产性服务业较为集中的区域。对于以制造业为主的产业区，道路主要考虑大型车辆通行及装卸货要求，行人较少。道路两侧一般设置较宽的建筑退界，通过绿化种植来创造健康舒适的道路空间。对于以生产性服务业为主的产业区，内部道路主要服务于早晚高峰的通勤交通与工作时间内的商务交通。鼓励相应产业区与居住、文化等城市功能相融合，变产业园区为产业社区，平衡不同时间的道路使用强度与功能。与居住区一样，产业社区也可以形成“动静结合”的道路职能分工，部分通达性较好的道路在满足集散交通基础上布局社区服务设施；部分道路注重提供优美的景观，营造安静的工作与生活环境。

2. 道路系统与分级 Road system and classification

道路是能够提供各种车辆和行人等通行的基础设施。城市道路是指在城市范围内，供车辆及行人通行的具有一定技术条件和设施的道路。道路和交叉口共同构成了城市道路系统，保障城市各区域的连通性与可达性。

当前城市道路分级主要考虑机动车交通特征的差异，按照道路的红线宽度、车道数量、设计车速划分为快速路、主干路、次干路与支路四种类型，并形成相应的设计标准和规范。

长期以来，我国采用大街坊模式，强调各等级道路的机动车通行效率，对道路提高慢行交通服务水平考虑不足。同时，现行规范主要以设计车速确定道路等级，这与城市交通特点、集约建设要求以及慢行交通协调等不相适应。

针对城市交通的特点，改进以设计车速确定道路等级的做法，根据车道数量和空间容量确定道路等级，以具有弹性的管理车速取代统一的设计车速，适度降低路段和节点设计时速，并调整相应设计标准，以达到集约节约建设用地、缓解交叉口机动车与行人和非机动车冲突的目的。

表2-1 城市道路分级
Tab. 2-1 Road class

道路等级 Road class	交通职能 Traffic function	一般管理车速 Speed range	推荐红线宽度 Recommended ROW
快速路 Expressway	城市快速路具有强烈的通过性交通特点，交通容量大，行车速度快，服务于市域范围长距离的快速交通及快速对外交通	60~80 公里/小时	50~70米
主干路 Artery	主干路是城市道路网络的骨架，是联系城市各功能分区的交通性干道	50~60 公里/小时	40~55米
次干路 Sub-artery	城市次干路是城市内部区域间联络性干道，兼有集散交通和服务性功能	40~50 公里/小时	24~36米
支路 Branch	城市支路是次干路与街坊内部道路的连接线，以服务功能为主	≤30公里/小时	≤24米

快速路——延安路
Expressway Yan'an Road

主干路——虹桥路
Artery Hongqiao Road

次干路——南京西路
Sub-artery West Nanjing Road

支路——番禺路
Branch Fanyu Road

案例分析:

西藏南路多样性街道类型

Case analysis: Diverse street types for South Xizang Road

西藏南路和西藏中路因沿线功能和开发模式变化，形成了四种不同类型的路段。中山南路以南路段两侧多为居住小区围墙，以单一的交通性活动为主，街道类型为交通性街道；中山南路至斜土路一段两侧以服务周边居民的生活服务性商业为主，街道类型为生活服务街道；斜土路至自忠路沿线积极界面与封闭的围墙界面相互交替，商业业态也较为混杂，街道类型为综合性街道；桃源路至北京西路一段先后与淮海路和南京路相交，是繁华的商业街道。

交通性路段 Traffic section

生活服务性路段 Living and service section

商业性路段 Comprehensive section

综合性路段 Commercial section

3. 街道类型

Street types

道路设计应综合考虑行人和车辆的通行功能，在保障系统性交通通行的同时，重点考虑沿街建筑的使用功能与活动。同一条道路在经过不同功能的城市片区时，其断面也应有不同的设计安排。街道的活动与沿街建筑及底层的使用功能有较高的相关性，也与街区的空间与功能结构有关。

综合考虑沿街活动、街道空间景观特征和交通功能等因素，可以将街道划分为商业街道、生活服务街道、景观休闲街道、交通性街道与综合性街道五大类型。

表2-2 街道类型
Tab.2-2 Street types

类型	说明
商业街道 Commercial street	街道沿线以零售、餐饮等商业为主，具有一定服务能级或业态特色的街道
生活服务街道 Living and service street	街道沿线以服务本地居民的生活服务型商业、中小规模零售、餐饮等商业以及公共服务设施为主的街道
景观休闲街道 Landscape and leisure street	滨水、景观及历史风貌特色突出、沿线设置集中成规模休闲活动设施的街道
交通性街道 Traffic-oriented street	以非开放式界面为主，交通性功能较强的街道
综合性街道 Mulit-purpose street	街段功能与界面类型混杂程度较高，或兼有两种以上类型特征的街道

打浦社区道路分级 Road classification for Dapu Community

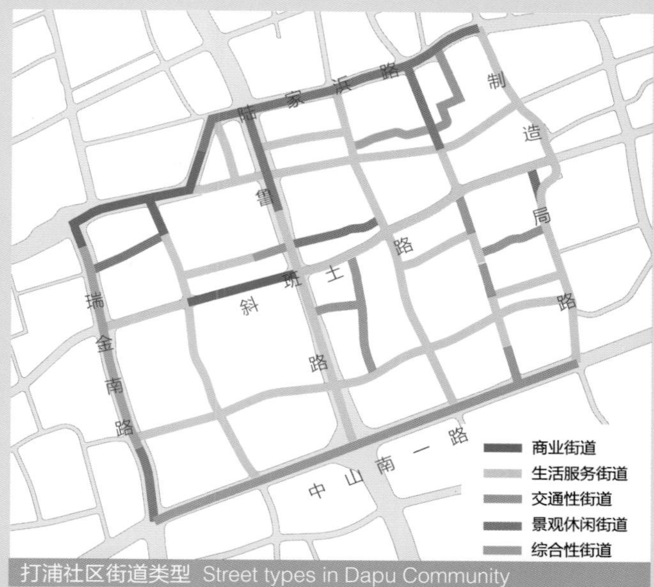

打浦社区街道类型 Street types in Dapu Community

案例分析：

打浦社区道路等级与街道类型

Case analysis: Road classification and street types for Dapu Community

由于机动车与步行两种不同交通方式在速度和可承受距离之间的巨大差异，以及街道活动对沿街功能设施的高度依赖，主次干道往往长度可以达到十几公里，而街道类型往往经过几个街段甚至一个街段就会发生变化。

道路等级与街道类型是分别基于机动车交通和沿街活动的分类方式，二者可以相互交叉。同一种街道类型可以与不同道路等级进行搭配。例如景观休闲街道既可以是依托主、次干路形成的林荫大道，也可以是一条环境优美的滨水支路。对同一条道路而言，不同路段由于沿线功能、开发模式与建筑形态存在差异，相对应的街道类型也会发生变化。例如次干道在经过商业区的相应路段会成为商业街道，经过居住社区的相应路段可以成为生活服务街道，临近公园水系的路段则成为景观休闲街道。由于机动车与步行两种不同交通方式在速度和可承受距离之间的巨大差异，以及街道活动对沿街功能设施的高度依赖，主次干道往往长度可以达到十几公里，而街道类型往往经过几个街段甚至一个街段就会发生变化。上海作为特大城市，具有丰富的街道多样性，因此每种道路等级和街道类型的组合，都能找到许多相应的实例。

商业街道——淮海中路
Commercial street Middle Huaihai Road

生活服务街道——雁荡路
Living and service street Yandang Road

景观休闲街道——苏家屯路
Landscape and leisure street Sujiatun Road

交通性街道——民生路
Traffic-oriented street Minsheng Road

综合性街道——保屯路
Comprehensive street Baotun Road

4. 特定功能的道路
Roads of special functions

除一般的城市道路外，上海还有许多特定功能的道路，这些道路以公共交通和慢行交通为主要服务对象，是城市慢行系统的重要组成部分。这些道路主要包括快速路、非机动车道路、街坊路、步行街、公交专用路、公园绿地内部的慢行道等。这些道路的管控方式各异，但均需保障特殊情况下特种车辆通行。除了公园绿地内部的慢行道之外，其他几种道路也是本导则的适用范围。

快速路 Expressway

城区间的快速联系道路，主要承担长距离的机动车交通职能，以保障机动车通行效率为主，一般不设人行道、非机动车道。但对于内环、中环等高架快速路，高架下方对应的地面路段为城市干路，仍需为非机动车道和行人提供基本的通行空间，并适度考虑沿线功能与活动需求，满足顺畅、安全、设施配置等基本慢行及沿街活动需求。

非机动车道路 Road for non-motorized vehicle

非机动车道路是指主要服务非机动车交通的城市支路。一般而言，相应道路会完全限制机动车使用，或仅允许沿线车辆进出通行。凤阳路、奉贤路、南阳路和愚园东路是上海重要的四条非机动车道路。这四条道路相互衔接，形成一条贯通东西的非机动车走廊，为南京西路与北京西路禁止非机动车通行提供配套条件。

快速路下的步行空间——中山南二路
Walking through zone below expressway — South Zhongshan Second Road
加宽人行道降低了大量快速通行的机动车给行人带来的不适感。

步行街——吴江路
Pedestrian street — Wujiang Road
20米的红线宽度范围内形成两条平行道路，北侧为机动车通行与卸货的服务通道；南侧为宽度约9米的步行街，禁止车辆通行。

非机动车道路——南阳路
Non-motorized access — Nanyang Road
为南京西路与北京西路配套的非机动车道路，道路红线宽度12米，车行区域宽8.5米，允许沿线地块与功能设施的到发机动车辆借用。

步行街——静安寺西侧
Pedestrian street — west Jing'an Temple
静安寺与西侧百货公司之间的公共通道，禁止包括非机动车在内的各种车辆进入。通道位于百货公司地块内，由开发商进行管理。

步行街 Pedestrian street

步行街是专供步行的街道，多结合步行交通量较大的商业街道设置，限制或禁止机动车与非机动车通行。

1999年建成的南京东路步行街是上海重要的城市客厅之一。吴江路通过人车分流，在街道北侧开辟出一条货运通道，使得南侧可以完全步行化；山兰路是临港新城在规划阶段确定的商业步行街；黄金城道开辟了在居住社区建设步行街的先河，为社区公共生活提供了优美、舒适的空间环境。

除了通过红线管控的步行街之外，越来越多的开发项目在地块内部设置步行街，如静安寺与东侧百货公司之间的步行通道，以及结合临平路地铁站在临平路与飞虹路之间形成的一条商业步行街。这些步行街改善了城市步行环境，活跃了商业氛围，也使城市活力得到提升。

公交专用道 Bus-only lane

公交专用道是专门为公交车行驶的车道，作为城市交通网络建设配套基础设施，主要功能为方便公交网络应对各种高峰时段、突发状况带来的交通问题。对于道路资源较为紧张的地区，可研究开辟公交专用路，将公交巴士、有轨电车和步行交通作为主要服务对象，限制或禁止机动车通行。

社区道路 Community roads

社区道路是指公共开放的、以服务社区为主、过境机动车较少的道路，供沿线单位上落客、临时停靠、卸货与入库等活动。在公共活动中心，许多社区道路作为市政道路进行管控，例如绍兴路和青海路。在一般地区，社区道路大多作为街坊内部的公共通道进行管控，如崇明路与伟康路。

绿地内的慢行道 Non-motorized lanes in green lands

滨水绿地等公园绿地内的慢行道，以景观休闲和健身功能为主。建议主路对外开放，出入口位置与城市道路相接，方便慢行穿越。鼓励设置跑步道、自行车专用道等特殊类型的慢行道。

绿道 Greenway

绿道主要依托绿带、林带、水道河网、景观道路、林荫道等自然和人工廊道建立，是一种具有生态保护、健康休闲和资源利用等功能的绿色线性空间。绿道串联各类郊野公园、森林公园、湿地公园、绿地林地、林荫片区等绿色空间,以及历史景点、传统村落、特色街区等人文节点。上海市绿道主要由绿廊系统、慢行系统、标识系统和配套服务设施系统四部分构成。

步行街——黄金城道
Pedestrian street — Golden Street
服务古北社区的景观休闲步行街与生活服务街道。

绿地内的慢行道——徐汇滨江步行道
Non-motorized lanes in green lands — Xuhui Bund
位于徐汇滨江绿地内，沿黄浦江西岸的慢行道，兼具景观和休闲健身功能，设有塑胶跑步道。

社区道路——青海路
Community road — Qinghai Road
位于南京西路与威海路之间，车辆仅能从南京西路驶入，避免了过境车辆使用

社区道路——伟康路
Community road — Weikang Road
位于大学路北侧，道路两侧为居住功能

上海市道路—街道矩阵图 Matrix of Shanghai Roads and Streets

类型 Types	主干道 Artery 	次干道 Sub-artery
商业街道 Commercial street	 长寿路 Changshou Road	 南京西路 West Nanjing Road
生活服务街道 Living and service street	 成山路 Chengshan Road	斜土路 Xietu Road
景观休闲街道 Landscape and leisure street	 金科路 Jingke Road	云锦路 Yunjin Road
交通性街道 Traffic-oriented street	 沪太路 Hutai Road	 莲花路 Lianhua Road
综合性街道 Compre-hensive street	 古北路 Gubei Road	 衡山路 Hengshan Road

支路 Branch

金陵东路 East Jinling Road

打浦路 Dapu Road

天平路 Tianping Road

万源路 Wanyuan Road

浦电路 Pudian Road

支路 Branch

泰康路 Taikang Road

嘉善路 Jiashan Road

苏家屯路 Sujiatun Road

文定路 Wending Road

汉口路 Hankou Road

支路 Branch

吴江路 Wujiang Road

斜徐路 Xiexu Road

黄金城道 Golden Street

建德路 Jiande Road

南阳路 Nanyang Road

第三章

从道路到街道

CHAPTER 3
FROM ROADS TO STREETS

对于上海而言，街道是这座城市数量最多、活动最为密集的公共开放空间。对公共开放空间属性的强调，是街道的主要特征。从道路到街道，是机动车交通空间向步行化生活空间的回归，是路权从“机动车”为主向“兼顾车行与步行，优化步行环境”的转变。这种转变对道路的规划、设计、管理提出了更加精细化、人性化、智慧化的新要求。

Shanghai's streets are public open space in largest quantity and with most intensive activities in the city. They are primarily characterized by its emphasis on open, public nature. A transformation from roads to streets marks the change from motor-driven public space toward pedestrians-friendly living space, and the shift of "motor domination" to "an optimized environment which gives equal importance to vehicles and walking". This shift poses new requirements for more delicate, user-friendly and intelligent road planning, design and management.

1. 街道的意义
Significance of streets

街道展现城市形象
Streets represent urban images

街道是城市外部形象的重要载体，人们通过街道来认识城市。街道上传达的建筑风采和人文风情不仅延展着城市的空间，也映射着城市的文化视野，诉说着城市的内涵。正如香榭丽舍之于巴黎、第五大道之于纽约，人们想到上海，会想到摩肩接踵的城隍庙、万国风采的南京东路、繁华现代的淮海中路、优雅静谧的衡山路，而宽敞大气的世纪大道则是人们认知浦东新区的重要来源。不同的街道映射着上海不同的性格与风采，而它们共同体现着上海这座国际化大都市的多元、包容和充满生机。街道所体现的风貌、特色、文化与魅力是整个城市无形且无价的资产，推动着申城数百年来生生不息地向前发展。在未来的全球城市竞争中，城市风貌与街道形象将成为提升上海城市竞争力与吸引力的重要因素之一。

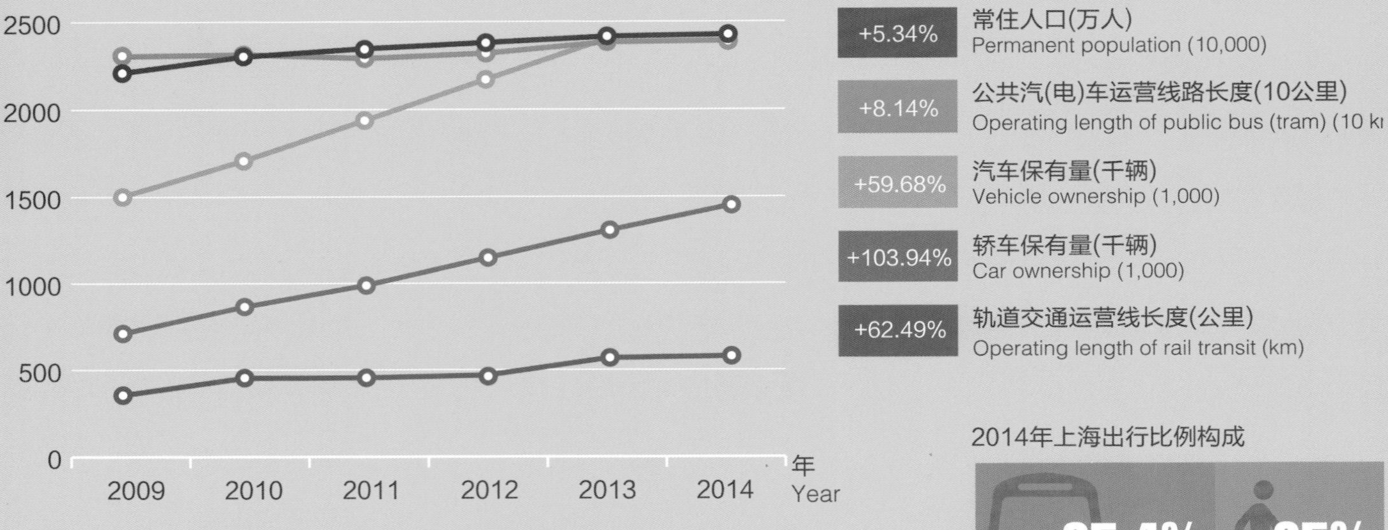

2014年上海出行比例构成

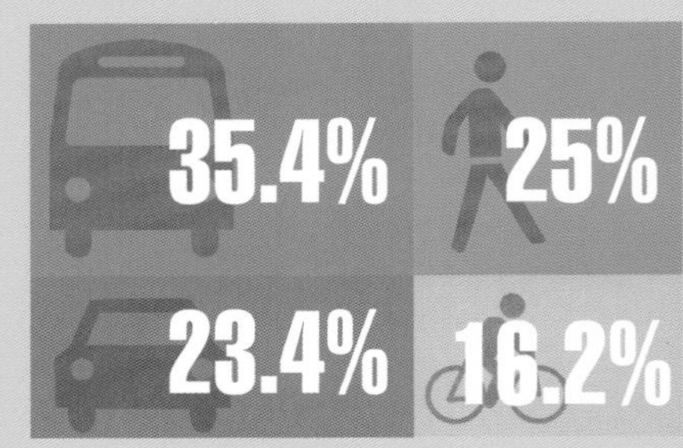

轨道交通 Rail transit

现状（2014）：线路16条，运营线路总长度634公里
Status quo (2014): 16 lines totalling an operating length of 634km
规划（2040）：线路19条，运营线路总长度951公里
Planning (2040): 19 lines totally an operating length of 951km

道路设施 Road facilities

现状（2014）：全市路网密度2.5公里/平方公里，中心城路网密度约5.7公里/平方公里
Status quo (2014): A total network density of 2.5km/km², and a network density of 5.7km/km² in central areas

常规公交 Conventional bus traffic

现状（2014）：全市公交线路长度约2.4万公里，线网密度约1.1公里/平方公里，站点密度4个/平方公里
Status quo (2014): A total operating length of 24,000km with 11,000km and 4 stops per square kilo-meter.

街道促进绿色交通
Streets promote green transport

街道网络和街道设施对于人们选择出行方式有着很大的影响。更加便利、舒适、安全、活动丰富、适宜步行的街区与街道会鼓励市民选择步行、骑行或公共交通出行。

从2009年至2014年，上海小汽车保有量增长迅速，在5年的时间内增长了一倍以上，个体交通的出行比例也从19.5%增长到23.4%。当前，中心城区的路网已经基本稳定，机动车交通空间很难再有大的增加。与此同时，上海的轨道交通网络正面临又一次快速发展。2014年，上海市共有轨道交通线路16条（含铁路金山支线、磁悬浮），运营线路总长度634公里。规划至2040年，市（区）域线网络总规模约951公里（含预控线路），共19条线路。市区线线网总规模约998公里，共24条线路。

古北黄金城道街角广场
Square at Gubei Golden Street

大学路创制广场临时摊位
Temporary shops on Daxue Road

甜爱路街头麻将
Mahjong stalls on Tian'ai Road

鞍山新村苏家屯路街头健身场所
Street fitness facilities on Sujiatun Road of Anshan New Village

四平社区街头演出
Street performance in Siping Community

大力提高轨道交通运力，是应对不断增长的机动化出行需求的重要举措。在此基础上，必须大力塑造适于步行、骑行和保障地面公交空间与设施的街道，提升各种绿色交通网络的便利性和可达性，并强化网络间的衔接和转换，重点提升轨交站点周边的“宜步性”，使轨道交通的效用得到最大程度的发挥，并使更多的人信任街道，选择绿色出行。

街道提供生活场所
Streets support public life

街道是连接工作、居住、学习、休闲等各类城市生活目的地的空间线索。这种联系的方式可以是步行、自行车、公共交通和小汽车中的一种或几种。不同的街道空间，赋予这些连接不同的体验。除此之外，街道本身也是进行城市活动的空间。偶遇的邻居们会在街边聊天，小孩们会在街边玩耍，情侣们坐在街边喝下午茶，跑者沿着林荫道跑步，逛街的人浏览街边的橱窗，街头艺人在街边尽情忘我地进行着才艺展演。这些连接和活动在街道里交织、共处，创造了纷繁的街道活力，决定着城市生活的日常体验。

便利
Convenience

交流
Communication

健康
Health

街道塑造宜居生活
Convenient streets, livable life

街道能够使我们的日常生活更加便利。一小段街道便可以容纳便利店、菜场、餐厅、理发店等基本生活服务设施，同时也可以将街边绿地、广场和社区公园联系起来，使我们从街边的住所或办公室出发，在步行5分钟之内满足日常的生活需求。如果这条街道恰好位于住所或办公室通往地铁站的路径上，那么这些设施的使用将会更加便利。在前往这些“必要”的目的地的途中，我们还常常在街上获得意想不到的发现，例如一家特色书店或一间富有情调的餐厅，使生活的内容得到不断拓展。

街道能够促进交往交流与邻里生活。街道贯穿在每一个社区之中，串联其广场、绿地、水岸及其他公共活动空间，为市民提供了生活与休闲场所。安全、宜人、可达、连续和富有吸引力的空间能够增加人们见面的机会，降低见面的成本，促进文化、艺术、商业等不同活动，鼓励居民积极参与社区生活，构建和谐的邻里关系，激发整座城市的活力。

街道作为城市生活空间，能够通过影响人们的生活习惯和方式，促进市民健康。街道能够鼓励市民更多采用步行出行，激发漫步、跑步和骑行等休闲与运动健身活动，增加运动量，减少肥胖病症及与之相关的慢性疾病。大众参与的健身活动也为市民提供了新的交流交往形式，有利于形成街区生活的共同价值认同。

街道改善城市环境
Beautiful streets, better environment

未来的城市应当成为可持续及具有复原力的生命体，拥有应对气候变化和极端天气的能力，提升自我循环能力，减少对不可再生能源的需求。街道对于实现城市的可持续发展具有重要的影响力。对绿色交通的促进，是街道对于城市可持续发展最为重要的贡献之一，可以从源头上降低碳排放和废气污染。依托街道的绿化系统，也是城市生态系统的重要组成部分。沿路的行道树、草坪和其他绿植能够提供动植物生活空间和迁徙廊道，对于降低噪声和净化空气也有着重要的作用。街道绿化可以与街道铺装相结合，共同降低城市热岛效应，使城市免于暴雨洪涝的威胁，增强城市的气候环境适应性。此外，街道还为利用太阳能、风能等可再生能源提供了空间，反哺城市能源。

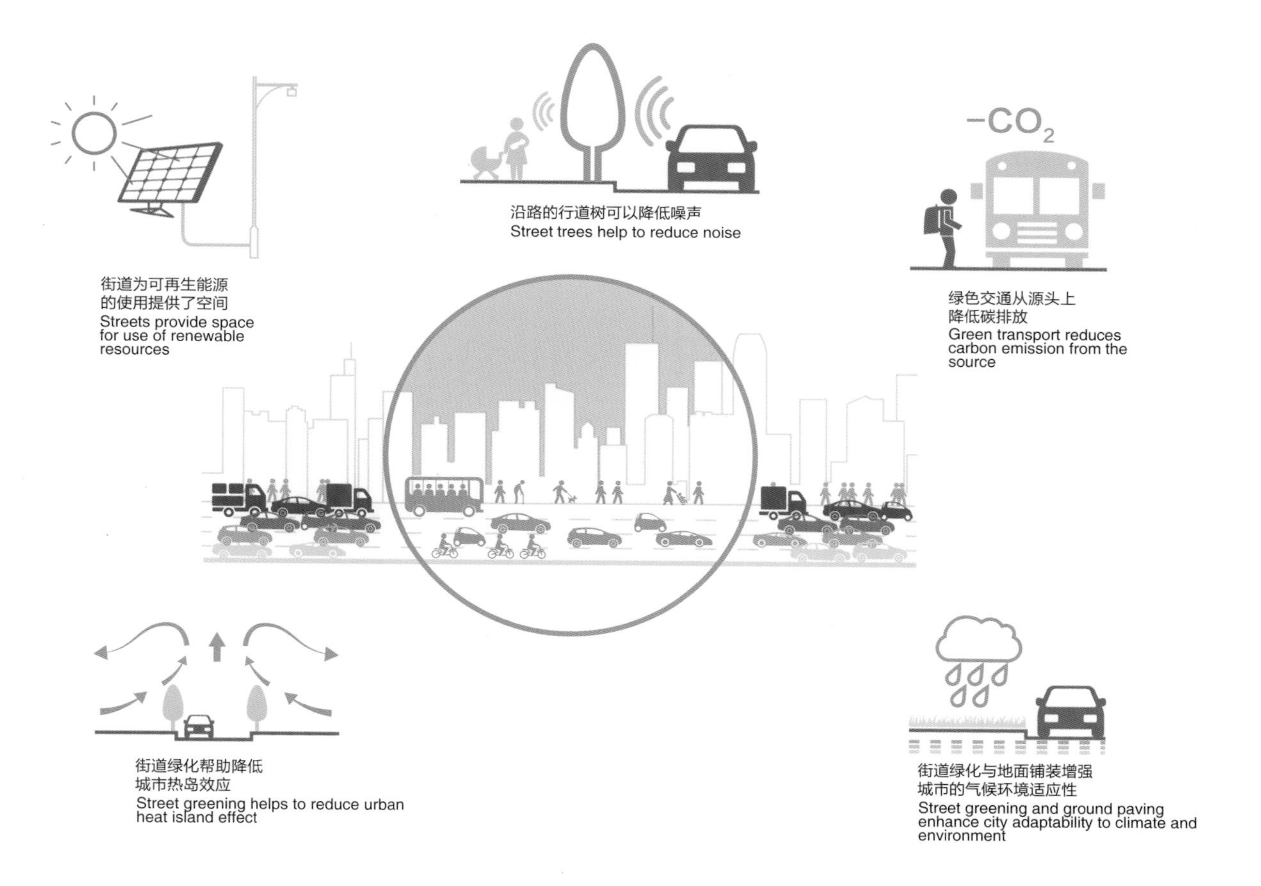

街道推动经济繁荣

Well-equipped streets, economic prosperous

对于城市而言，街道除了空间属性与交通功能外，还是其经济发展的重要资源。通过改善街道的空间环境品质，完善基础设施与公共交通网络，提升街道的步行适宜性，可以激发富有活力的街道生活，增强社区吸引力，进而带动周边土地商业价值的提升，增加就业岗位，吸引更多元、高品质的商业设施与便利服务，满足街区使用的日常活动所需。

富有特色的城市风貌、街道形象以及充满活力的街道生活能够对优秀的企业和个人形成巨大的吸引力。上海正在聚焦“迈向全球城市的产业升级与竞争力提升”，在未来与纽约、伦敦等全球城市的竞争中，优良品质的街道是与经济增长、科技创新相 并列的扩大上海国际影响力、提升城市竞争力的重要要素之一。

新乐路沿线餐饮
Restaurant along Xinle Road

东湖路沿线餐饮
Restaurant along Donghu Road

2. 从道路到街道

From roads to streets

从“主要重视机动车通行”向“全面关注人的交流和生活方式”转变

From “emphasis on motor vehicles” to “overall focus on exchanges between and lifestyles of people”

目前在道路的规划、建设管理中，“以车为本”的思想还没有根本转变。道路工程设计规范和设计实践仍然以机动车通行效率为主要考量。在交通管理中，往往把机动车的“排堵保畅”作为道路建设和管理的唯一目标，在成全了车的同时，常常是委屈了人。

城市交通的根本目的是实现人和物的积极顺畅的流动，因此要在观念和实践中真正实现从“以车为本”到“以人为本”的转变，必须应用系统方法对慢行交通、静态交通、机动车交通和沿街活动进行统筹考虑。

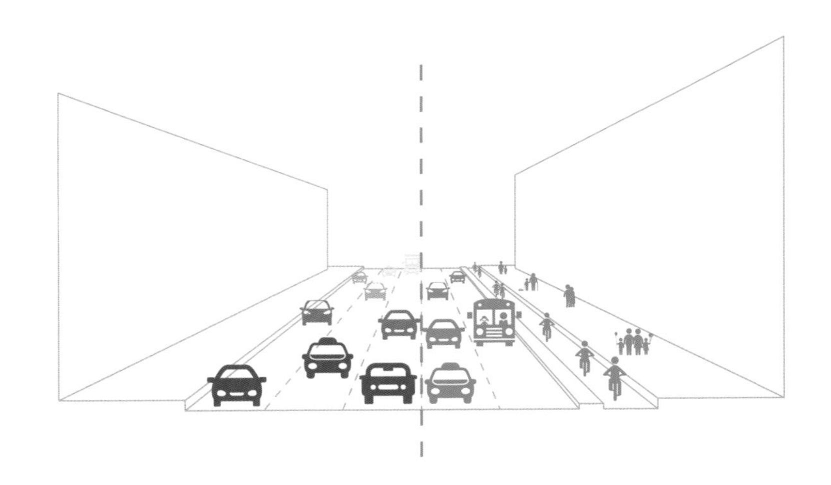

从“道路红线管控”向“街道空间管控”转变

From “control over red lines of roads” to “control on street space”

街道不仅仅是路的概念，还包括了沿线的建筑立面和退界，共同构成完整的街道空间。但红线内外由不同的单位进行设计、建设与管理，不利于街道空间的整体性，不利于提高空间利用效率。

以道路红线管理为主要手段的管理方法对加快和保障道路建设发挥主要作用，但在新的发展背景下，不应该成为提升街道品质的隐形障碍。要实现街道的整体塑造，需要对道路红线内外进行统筹，对管控的范畴和内容进行拓展，将设计范围从红线内部拓展到红线以外的沿街空间，将关注对象从单纯路面拓展到包括两侧界面的街道空间整体。

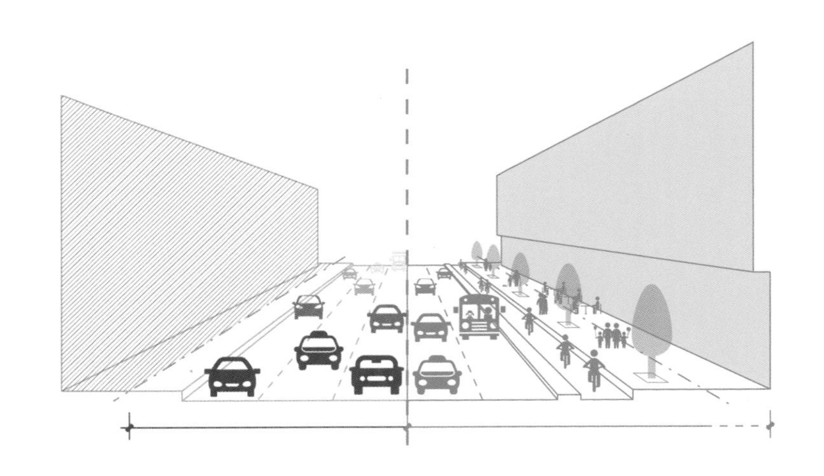

从道路到街道要实现理念、方法、技术、评价等要素的一系列转变，主要体现在四个方面。

The shift from roads to streets is realized by changes in a series of elements including concepts, methods, technologies and assessment. This is demonstrated in four aspects.

从“工程性设计”向“整体空间环境设计”转变

From “engineering-oriented design” to “integral space environment planning”

街道是数量最多、使用频率最高的公共空间。目前的工程设计规范、标准大都是从交通、市政的角度作出规定，导致设计中过于强调道路的工程属性，而对整体景观和空间环境考虑甚少。工程设计绝不仅仅是在道路红线内作文章，还必须充分尊重沿线的建筑、风貌条件以及活动需求。应突破既有的工程设计思维，突出街道的人文特征，对市政设施、景观环境、沿街建筑、历史风貌等要素进行有机整合，通过整体空间景观环境设计塑造特色街道。

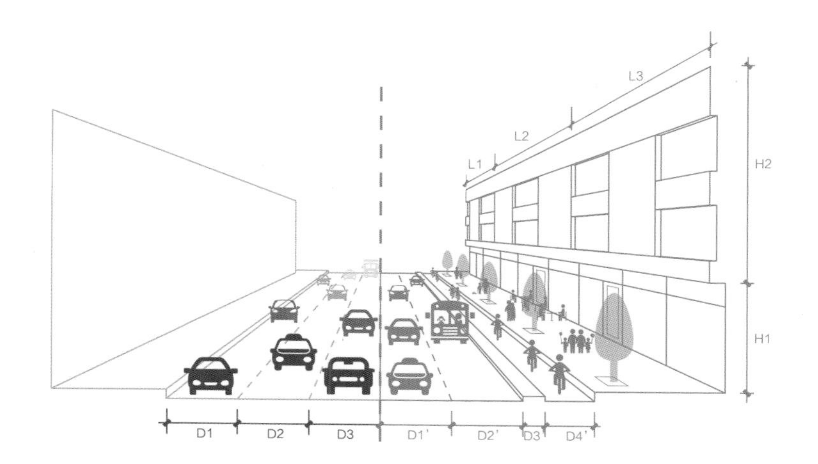

从“强调交通效能”向“促进街道与街区融合发展”转变

Shift from “highlighting traffic efficiency” to “enhance integrative development of streets and blocks”

交通效率是一个可以预测和评价的标准，交通流量、饱和度、服务水平常常作为道路评价的核心指标，但是街道不仅仅具有交通功能，需要重视其公共场所功能、促进街区活力的功能、提升环境品质等综合认知功能。

体验城市、促进消费、增加城市交往和社会活动均与街道紧密联系，应当重视街道作为城市人文记忆载体、促进社区生活、地区活力和经济繁荣的作用。

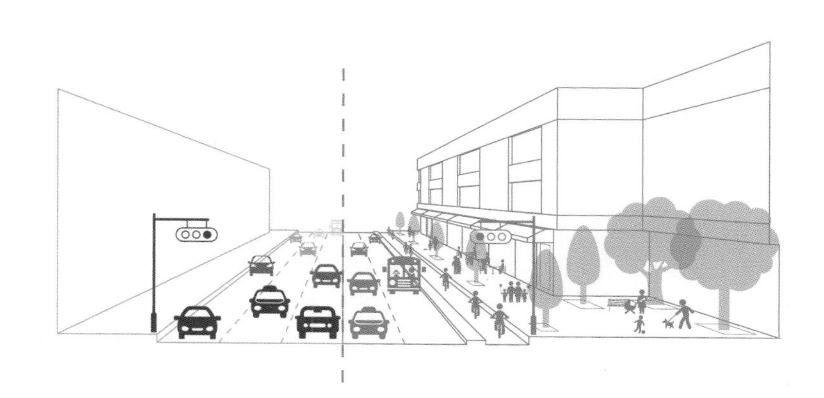

3. 理念与导向

Concepts and orientation

安全街道

Safe street

车辆各行其道、有序交汇、安宁共享，保障各种交通参与者人身安全，保障交通活动有序进行。

交通有序 Orderly traffic

协调人、车、路的时空关系，促进交通有序运行。

慢行优先 Non-motorized priority

维持街道的人性化尺度与速度，社区内部街道宁静共享。

步行有道 Walking space for pedestrians

为行人提供宽敞、畅通的步行通行空间。

过街安全 Safe crossings

提供直接、便利的过街可能，保障行人安全、舒适通过路口或横过街道。

骑行顺畅 Continuous bicycle lane

保障非机动车，特别是自行车行驶路权，形成连续、通畅的骑行网络。

设施可靠 Reliable facilities

提供可靠的街道环境，增加行人安全感。

绿色街道

Green street

促进土地资源集约、节约，倡导绿色低碳，鼓励绿色出行，增进居民健康，促进人工环境与自然环境和谐共存。

资源集约 Resource efficiency

集约、节约、复合利用土地与空间资源，提升利用效率与效益。

绿色出行 Green transport

倡导绿色出行，鼓励步行、自行车与公共交通出行。

生态种植 Ecological planting

提升街道绿化品质，兼顾活动与景观需求，突出生态效益。

绿色技术 Green technology

对雨水径流进行控制，降低环境冲击，提升自然包容度。

推动从道路到街道的转变，必须坚持以人为本，形成共同的价值认同，将安全、绿色、活力、智慧作为价值导向，指导具体的规划、设计、建设、管理与维护等相关工作，将城市街道塑造成为高品质公共空间，复兴街道生活。

The shift from roads to streets must follow the “people-oriented” principle and comes first from common value identification, i.e. specific work like planning, design, construction, management and maintenance should be carried out under values of safety, green, vitality and intelligence to change urban streets into public space with high quality and to revive street life..

活力街道

Vibrant street

提供开放、舒适、易达的空间环境体验，增进市民交往交流，提升社区生活体验，鼓励创意与创新。

功能复合 Mixed-use functions

增强沿街功能复合，形成活跃的空间界面。

活动舒适 Comfort activity zone

街道环境舒适、设施便利，适应各类活动需求。

空间宜人 Pleasant space

街道空间有序、舒适、宜人。

视觉丰富 Rich vision experience

沿街建筑设计应满足人的视角和步行速度视觉体验需求。

风貌塑造 Street characteristic

街道空间环境设计注重形成特色，塑造地区特征，展现时代风貌。

历史传承 History inheritance

依托街道传承城市物质空间环境，延续历史特色与人文氛围。

智慧街道

Smart street

整合街道设施进行智能改造，提供智行协助、安全维护、生活便捷、环境“智”理服务。

设施整合 Facility integration

智能集约改造街道空间，智慧整合更新街道设施。

出行辅助 Transport aid

普及智能公交、智能慢行，促进智慧出行，协调停车供需。

智能监控 Smart monitoring

实现监控设施全覆盖、呼救设施定点化，提高安全信息传播的有效性。

交互便利 Convenient information interaction

设置信息交互系统，促进社区智慧转型。

环境智理 Smart environmental stewardship

加强环境检测保护，促进智能感应并降低能耗。

2 目标与导引 OBJECTIVE AND GUIDELINES

第四章 CHAPTER 4
安全街道
SAFE STREET

第五章 CHAPTER 5
绿色街道
GREEN STREET

第六章 CHAPTER 6
活力街道
VIBRANT STREET

第七章 CHAPTER 7
智慧街道
SMART STREET

第四章 安全街道

CHAPTER 4 SAFE STREET

目标一：交通有序

Objective 1: Orderly traffic

协调人、车、路的时空关系，促进交通有序运行。

Promote systematic traffic operation by coordinating time-space relationship among people, vehicles and roads.

系统协调
Systematic coordination

- **加强城市交通规划与道路工程设计、交通管理间的衔接，促进道路交通功能与沿线土地使用的协调以及各交通模式之间的协调。**

  Enhance connection among urban traffic planning, road design and traffic management, and enhance functional coordination between road traffic and roadside land use, and that between transportation modes.

  城市交通规划应合理确定路网密度、街区尺度，加强交通组织设计和对沿线地块出入口的管控，并根据街道区位和分级、分类合理确定各交通模式的选择和安排，突出步行、非机动车和公共交通等绿色交通方式，并加强各交通方式间的衔接。

适度分离
Moderate separation

- **在满足人行过街设施配置要求及沿路上下客需求的前提下，车速较快和车流量较大的路段设置隔离带，对机动车与路侧的非机动车及行人进行快慢分离。**

  Set up physical median divider in sections with higher traffic speed and volume while meeting facility requirements for pedestrians to cross streets and to get on/off buses, and separate motorized lanes and roadside passages for non-motorized vehicles and pedestrians.

  次干路及以上等级道路的机非隔离设施可采用隔离桩、栅栏或绿化带；交通量较大并且单侧设置两条及以上的非机动车道的支路，宜采用占地较少的隔离桩或栅栏。

- **对行人和非机动车通行空间从标高、铺装等方面进行区分。**

  Passages for pedestrians and non-motorized vehicles are differentiated with elements like elevation and pavement.

  新建道路应尽量避免人、非共板的横断面设置。既有人非共板道路应完善隔离设施。

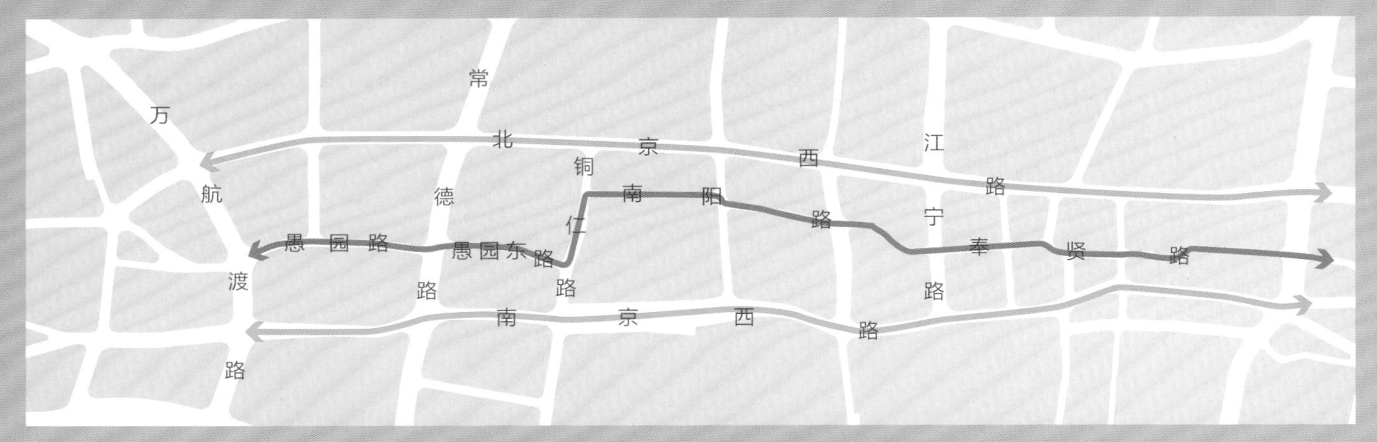

案例分析：
愚园路—凤阳路非机动车道路

Case analysis: Non-motorized lanes from Yuyuan Road to Fengyang Road

南京西路与北京西路作为城市次干路，道路较窄而交通需求较大。为解决机非混行的矛盾，改善交通秩序与提高运行效率，在两条道路之间利用愚园路–愚园东路–铜仁路–南阳路–奉贤路–凤阳路形成一条东西贯通的非机动车通道，机动车与非机动车通道间距在50~200米，保障骑行车到南京西路和北京西路有合适的步行距离。

禁止非机动车通行的南京西路
Motor-only Nanjing Road

作为非机动车通道的南阳路
Nanyang Road, supporting passage for non-motorized vehicles

有效分流
Effective diversion

- **鼓励就近设置平行于城市干路的非机动车道路，形成机非分流的交通走廊，减少快慢交通冲突。**

Encourage parallel non-motorized routes near arteries to create traffic corridors where motor vehicles and non-motorized vehicles are separated, reducing conflicts between slow and fast traffic.

机非分流不应影响非机动车出行的可达性和便捷性。非机动车道路与城市干道之间距离宜150米以内，之间的联通道路路口间距宜在250米以内。

- **街区尺度应加强微观交通组织，通过地下空间利用、流线设计与出入口等相关设施设置，实现人车有序分流。**

Better micro traffic organization is required at block scale, namely realizing separation between vehicles and people as planned with relevant facilities like underground space, circulation design and entry/exits.

城市公共活动中心鼓励地下车库彼此联通，引导车辆自外围进入地下，优先将地面空间留给行人。在街道功能定位时应对主要人流街道与车行服务街道进行职能分工，结合主要人流街道设置行人出入口、连续商业界面、公交设施等吸引行人的设施，结合车行服务街道设置临时路内停车、地库出入口、卸货区等吸引车辆的设施。

案例分析：

衡复地区的单行交通组织

Case analysis: One-way traffic in Hengfu District

衡复地区的道路宽度较窄，许多道路的宽度仅有15~18米，但路网密度相对较高。结合区域路网和交通需求特征，将复兴中路、建国中路-建国西路-建国东路、瑞金一路-瑞金二路以及陕西南路进行配对单向交通组织，达到次干路的服务水平，协调历史风貌保护与道路交通发展之间的矛盾。

陕西南路
South Shaanxi Road

复兴中路
Middle Fuxing Road

- **在高密度路网保障下，规划配对的机动车单向交通，简化交通组织，改善交通秩序，提高效率。**

  Guaranteed by high density road network, one-way roads for motor vehicles are planned to simplify traffic organization, improve traffic order and increase travel efficiency.

  优先考虑对交通干道进行单行配对，在保障交通功能的前提下控制街道空间尺度。相应道路原则上应允许非机动车双向行驶。

优先通行
Priority-of-way

- **在无信号控制交叉口，通过规划警告、禁令等标识，明确并强化相交道路及各种交通主体优先通行次序。**

  Plan signs of warning and banning at intersections without traffic lights to identify and enhance right of way for roads and road users.

  鼓励通过地面标识、连续人行道铺装、抬高式人行道等标识与街道设计提示次要道路车辆减速，确保主要道路的优先通行权。

  无交通信号、不分主次的道路交叉口应通过地面标识、路口铺装等方式提示进入路口的机动车减速。

案例分析：
玉田路玉田支路路口减速让行措施

Case analysis: Speed bump at the intersection of Yutian Branch

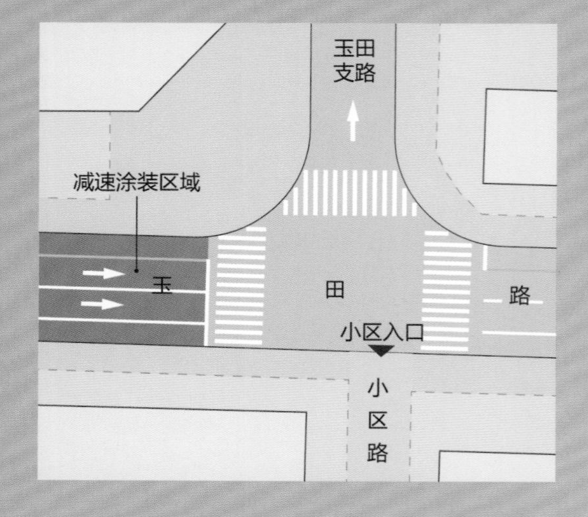

玉田路与玉田支路交叉口
Crossing of Yutian Road and Branch of Yutian Road

玉田路与玉田支路两条支路相交形成丁字路口。其中玉田路为西向东单行道，设置两机两非四条车道，玉田支路为南向北单行道，不划分机动车与非机动车道。交叉口正对玉田支路为玉田小区出入口，进出车辆较多，因此路口停车线以西约15米的路段采用红色涂装，并配合慢速标识，提醒玉田路车辆减速通过路口，避让过街行人及小区出入车辆。

- **信号灯控制交叉口优化与完善信号相位和配时设置，减少交叉口的冲突，改善交通秩序。**

  Optimize light-controlled intersections with better signal phase and timing setting to reduce conflicts at intersections and improve traffic order.

  非机动车通行量较大的路口鼓励增设非机动车专用相位，独立分配非机动车通行时间。

- **保障绿道的优先通行权。**

  Guarantee the traffic priority for greenway.

  绿道穿越城市道路的节点处，应通过地面标识或禁行指示等方式规定绿道优先通行。

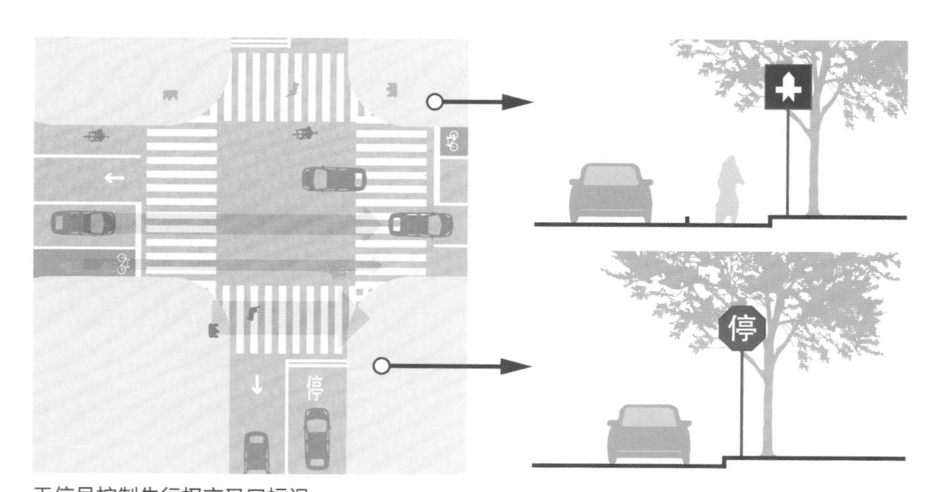

无信号控制先行权交叉口标识
Signs for uncontrolled intersections with right-of-way

目标二：慢行优先

维持街道的人性化尺度与速度，社区内部街道宁静共享。

Objective 2: Non-motorized priority

Maintain human scale and admissible speed of streets for tranquil, sharing community environment.

车道数量、宽度与类型
Amount, width and type of lanes

- **应合理控制机动车道规模，增加慢行空间。**

Control the size of motorized lanes and increase non-motorized space.

建成区城市道路现状慢行空间不足时，可通过优化交通组织、缩减车道数量和宽度等方式增加慢行空间；新建地区可结合路网规划，合理组织交通，通过缩减车道宽度、设置单向交通等提升街道人性化水平。

具备商业、生活服务、景观休闲功能的次干路，如缩减机动车道宽度，需开展路段机动车道宽度专题论证，并根据论证结果确定路段机动车道宽度。设计车速30公里/小时及以下的城市支路可适当缩减机动车道宽度，其中大小混行的路段机动车道宽度可减少至3.25米，小汽车专用车道宽度可减少至3米。允许大、中型货运车辆通行的道路，不应缩减路段机动车道宽度。

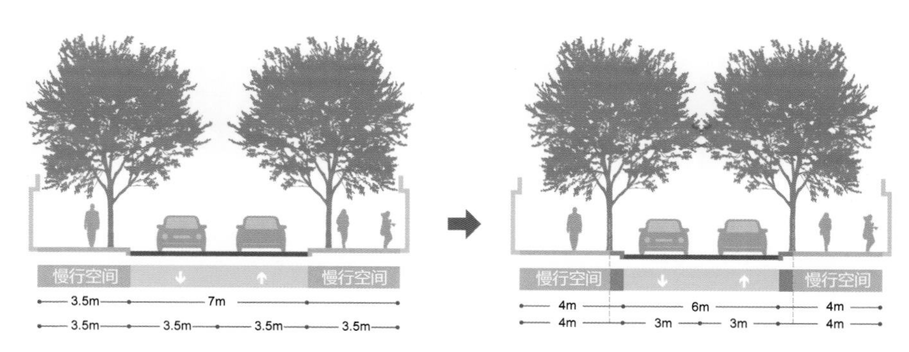

缩减车道前街道尺度
Street width before narrowing lanes

通过缩减车道拓展慢行空间
Expanded non-motorized space thanks to narrowed lanes

- **鼓励机动车流量较小的社区道路采用机非混行车道，集约利用空间和控制车辆速度。**

Encourage share space where motor and non-motorized vehicles are allowed for communities with smaller traffic flow, as well as intensive utilization of space and traffic speed control.

机非混行车道应采用较窄的车道宽度，留出更多步行空间。混行车道应与其他限速措施协同应用。

双向混行的华亭路
Two-way mixed Huating Road

表4-1 混行车道宽度推荐值
Tab. 4-1 Recommended Width of Mixed Lanes

设置条件 Conditions	车道宽度 Width
划示中心线的混行车道 Mixed lanes with marked central line	4~4.5米（单向） 4~4.5m (one way)
不划示中心线的混行车道（机动车双向通行） Mixed lanes without marked central line (two-way movement for motor vehicles)	6~7米（总宽度） 6~7m (two way combined)
不划示中心线的混行车道（机动车单向通行） Mixed lanes without marked central line (one-way movement for motor vehicles)	4~5米（总宽度） 4~5m (two way combined)

稳静化措施
Traffic calming measures

- **鼓励设置共享街道和全铺装交叉口，改善慢行体验。**

Encourage sharing streets and paved intersections for better slow traffic experience.

共享街道是指不采用隔离等传统的人车分流措施，取消路缘石高差、对路面进行全铺装，由行人、非机动车和机动车共享街道空间。机动车流量不大的商业街道以及以慢行交通为主的支路可建设为共享街道。

社区服务道路之间的交叉口可设置为全铺装交叉口。全铺装交叉口路面可采用人行道或小方石铺装，可取消路缘石高差，但应通过铺装和缘石区分步行区域和混行区域，并通过设置隔离桩避免机动车进入步行区域。

- **居住区内的街坊路和公共通道鼓励采用水平或垂直线位偏移等方式，对车辆路段和节点速度进行管理。**

Horizontal or vertical deviation is encouraged for community roads, allowing management over road sections and nodal speed.

可通过设置微型环岛、结合单侧设施带或停车带位置变换形成水平线位偏移。垂直线位偏移的主要方式包括抬高式人行横道、抬高式交叉口、抬高局部路段等。

改造前中山东一路 Before

案例分析：

中山东一路改造

Case analysis: Transformation of East Zhongshan East Road (E1)

中山东一路（外滩段）是展现上海城市形象的标志性区域，也是观赏外滩历史建筑群、游览滨江的重要场所。改造前的中山东一路为双向10车道，人行空间较窄，难以满足漫步、观景等公共活动的需求。为迎接上海世博会的举办，上海市政府于2007—2010年对外滩地区进行了综合改造。工程的核心是在外滩地下建设一条双向6车道的快速通道，将外滩地面原先11车道缩为4条车道与2条临时停车道，把外滩从繁忙的交通功能中解脱出来，人行道则由改造前的2.5~9米拓宽到10~15米，大大增加了沿历史建筑的公共活动与观景空间，强化了外滩作为展示上海历史与文化窗口的作用。

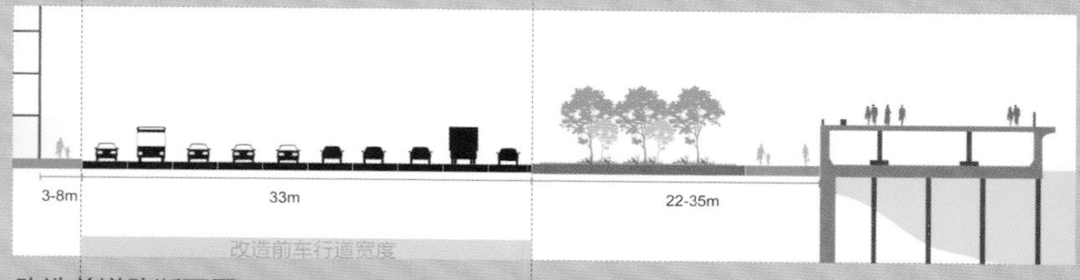

改造前道路断面图 Sectional View Before Reconstruction

改造后中山东一路 After

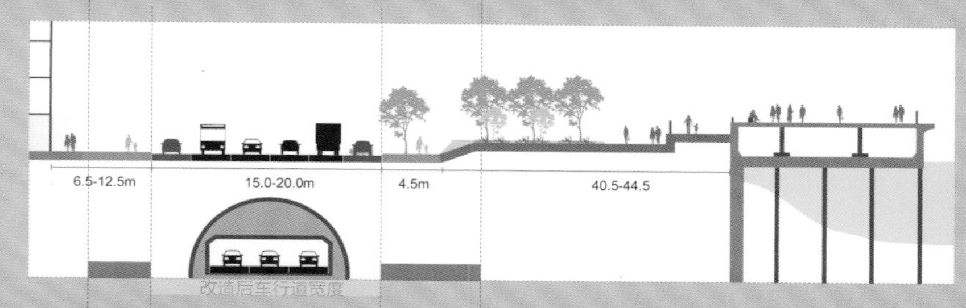

改造后道路断面图 Sectional View After Reconstruction

案例分析：

南苏州路稳静化设计

Case analysis:
Traffic Calming Design of South Suzhou Road

南苏州路（乌镇路桥—西藏中路）为苏州河南岸的滨河景观道，路面宽9米，除慢行交通功能外，主要承担道路南侧地块的机动车到发交通功能，机动车交通量很小。该路段为全铺装的共享街道。东侧与西侧入口处，通过路侧绿化带的局部拓宽改变道路线形，形成水平线位偏移，使机动车驶入该路段时，能够降低行驶速度，营造出适宜慢行的街道环境。

改造后南苏州河路平面图
Road Plane After Reconstruction

南苏州河路道路铺装
Road pavement of South Suzhou River Road

圆明园路街道空间与设施
Street space and facilities of Yuanmingyuan Road

案例分析：
圆明园路共享街道
Case analysis: Sharing streets on Yuanmingyuan Road

圆明园路位于黄浦江与苏州河交汇处的“外滩源”，路宽15米、长度不足500米，沿街坐落着数栋典雅的近代历史建筑。圆明园路采用共享街道模式，两侧为人行区域，中央是人、非、机混行的共享区域，两个区域之间不设高差，通过条石和隔离桩进行区分，避免机动车进入人行道。路面采用粗糙的小方石进行铺装，可以起到降低车速的作用。共享街道的核心理念是：通过将机动车区域改造为混行区域，可以使驾车人对自己的行为更加负责，行驶更加小心，行为也更接近一名行人。

车速管理
Speed management

- **道路沿线不同路段根据周边状况形成不同的限速要求。**

  Varied speed requirements for different sections based on surrounding circumstances.

  交通干道经过商业区、道路经过学校和医院时，应提高相应路段的限速要求。

- **鼓励通过设计手段强化街道的公共空间属性，提供安全、舒适的慢行环境。**

  Enhance streets in public space features with design methods, creating safe, comfortable slow-traffic environment.

  对于路网较为密集的公共活动中心、居住社区和产业社区，可对支路以30公里/小时作为设计限速，并对慢行交通及其他街道活动较为密集的路段和交叉口综合运用缩窄车道、水平线位偏移、全铺装道路等道路设计措施，与管理措施相结合，对路段车速进行进一步限制。

政通路上的立体减速彩色标线
Colorful markings for traffic calming on Zhengtong Road

目标三：步行有道

为行人提供宽敞、畅通的步行通行空间。

Objective 3: Walking space for pedestrian

Provide broad, smooth pedestrian thruway.

人行道分区
Sidewalk zoning

- **应对人行道进行分区，形成步行通行区、设施带与建筑前区，分别满足步行通行、设施设置及与建筑紧密联系的活动空间需求。**

  Sidewalks should be zoned into pedestrian thruway , facility belts and frontage of buildings to create a required space where Walking through zone, facility set-up and buildings are closely connected.

  步行通行区是供行人通行的有效通行空间；设施带是指人行道上集中布设沿路绿化、市政与休憩等设施的带形空间；建筑前区是紧邻临街建筑的驻留与活动空间。

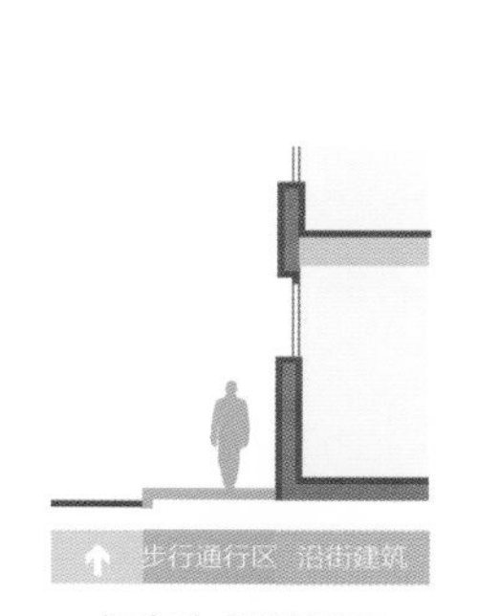

仅有步行通行区
Only for pedestrian

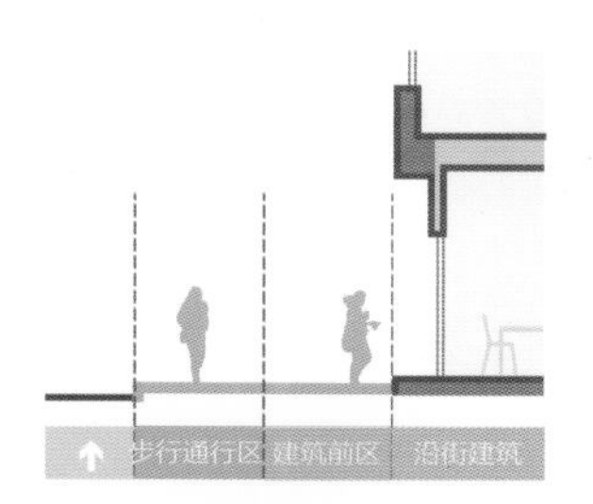

步行通行区+建筑前区
Pedestrian thruway + front area of buildings

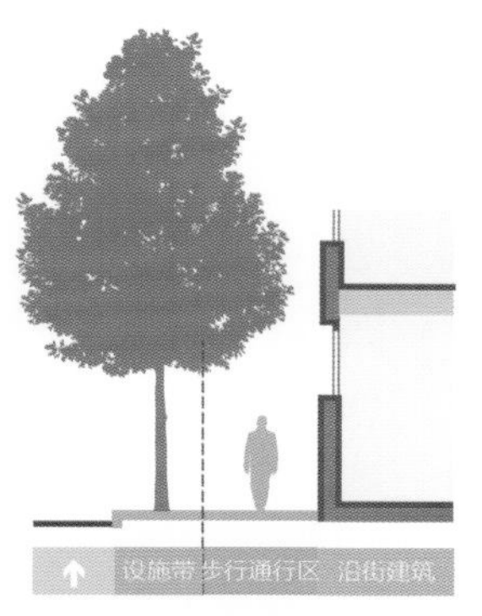

步行通行区+设施带
Pedestrian thruway + facility belts

设施带+步行通行区+建筑前区
Facility belts + Pedestrian thruway + front area of buildings

红线内外空间统筹利用
Overall utilization of space in and out of red line

- **沿街建筑底层为商业、办公、公共服务等公共功能时，鼓励开放退界空间，与红线内人行道进行一体化设计，统筹步行通行区、设施带与建筑前区空间。**

  For roadside buildings with such public functions as commercial facilities, offices and public services in the first floor, open building setback is encouraged and designed together with sidewalks inside the red line. Pedestrian thruway, facility belt and front area of buildings are planned as a whole.

  开放式退界应与红线内人行道采用相同标高，采用相同或相似铺装，限制设置台阶、停车、不可进入的装饰绿化等设施，保证空间的联通与灵活使用。

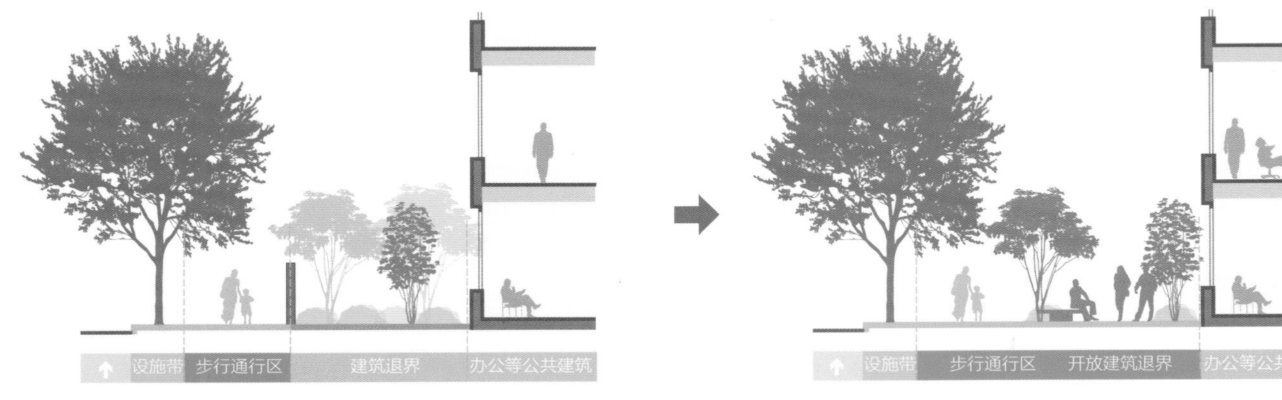

封闭的建筑退界
Closed building setback

开放的建筑退界
Open building setback

案例分析：
大学路人行道退界空间统筹利用
Case analysis: Holistic utilization of sidewalk setback on Daxue Road

大学路两侧人行道与退界空间均为4米，两处空间得到一体化设计与统筹利用，空间被划分为2米的设施带、3米的步行通行区以及3米的建筑前区，建筑前区主要为沿街餐饮的外摆区域，设施带用于种植行道树、设置自行车停车架等。

如步行需求继续增加，人行道分区仍有进一步优化的空间，可将外摆区域调整至人行道外侧，与设施带合并，建筑前区宽度缩减至1米，供商品展示与行人驻留。通过空间统筹利用，可以使步行通行区拓宽至4米，并使行人更靠近底层商业界面，强化行人与界面的互动。

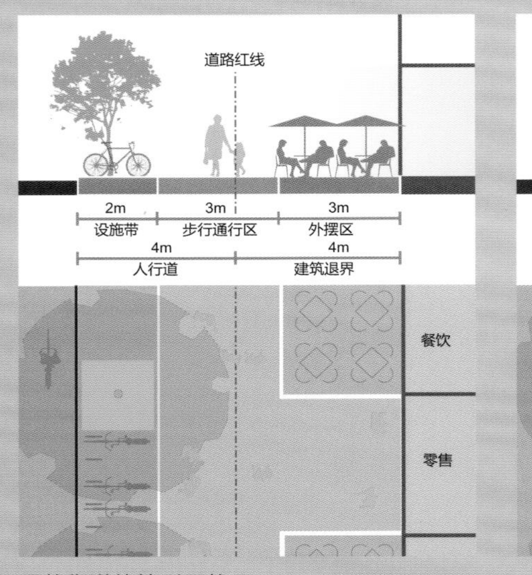

现状街道统筹利用状况
Coordinated utilization of streets

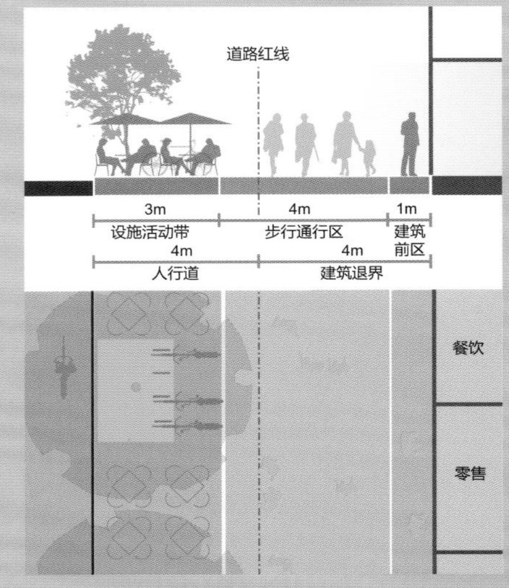

街道进一步统筹利用设计
Further utilization design

大学路步行通行区、外摆区与设施带
Pedestrian thruway / outdoor operation area/ facility belt of Daxue Road

九江路近西藏南路：退界空间抬高

Jiujiang Road (near South Xizang Road): Elevated setback

西康路近南京西路：消极的退界绿化

Xikang Road (near West Nanjing Road): Passive setback greenary

南京西路近常德路：建筑前区补充步行空间

West Nanjing Road (near Changde Road): Front area of buildings to supplement pedestrian thruway

步行通行区
Pedestrian thruway

- **步行通行区宽度应与步行需求相协调。综合考虑道路等级、开发强度、功能混合程度、界面业态、公交设施等因素，合理确定步行通行区宽度。**

The width of pedestrian thruway should meet requirements of pedestrians. An appropriate width should be determined by taking into consideration elements like road grade, development intensity, extent of function mixture, commercial activities and public transport services.

开发强度和功能混合程度较高的地区会形成较多的步行人流；公交车站、轨交出入口和商业设施将进一步增加人流，步行通行区需相应加宽；主、次干路两侧人行道应适度加宽，减少快速通过的机动车给行人带来的不安全感。

表4-2 步行通行区宽度推荐值

Tab. 4-2 Recommended Widths of pedestrian thruway

人行道类型 Type of sidewalk	宽度建议 Recommended Width
临围墙的人行道 Adjacent to wall	≥2米 ≥2 m
临非积极街墙界面人行道 Adjacent to inactive wall / boundary	3米 3 m
临积极界面或主要公交走廊沿线人行道 Adjacent to active boundary or along main transit corridor	4米 4 m
主要商业街，以及轨交站点出入口周边 Major business street and within the rim of entrances to transit stops	5米 5m
主要商业街结合轨交出入口位置 Major business street with entrances / exits of transit stops	6米 6 m
主、次干路两侧人行道 On both sides of artery/sub-artery	加宽0.5~1米 widened 0.5~1m

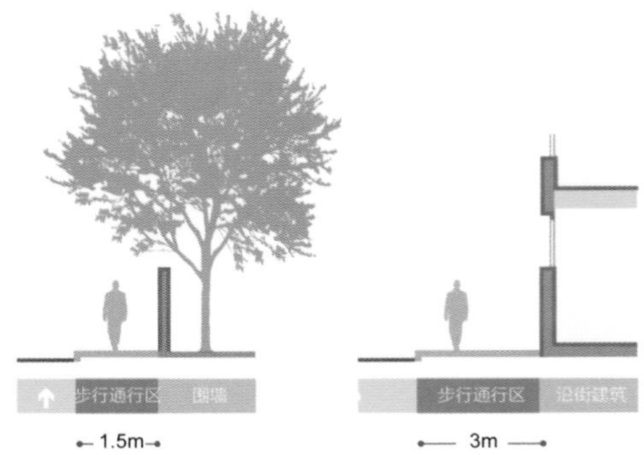

临围墙的人行道
Adjacent to wall

临消极街墙界面人行道
Adjacent to inactive wall / boundary

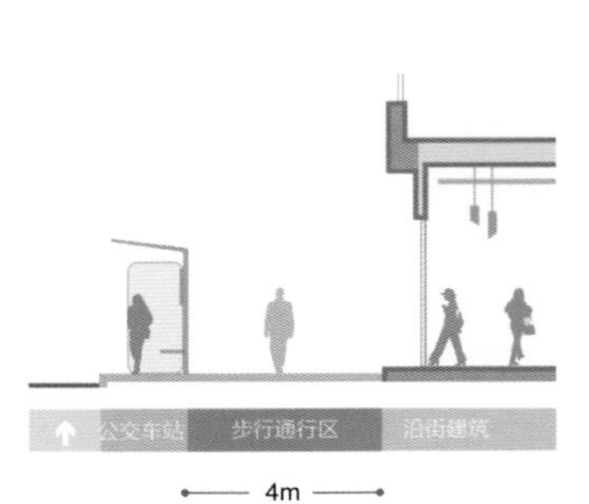

临积极界面或主要公交走廊沿线人行道
Adjacent to active boundary or along main transit corridor

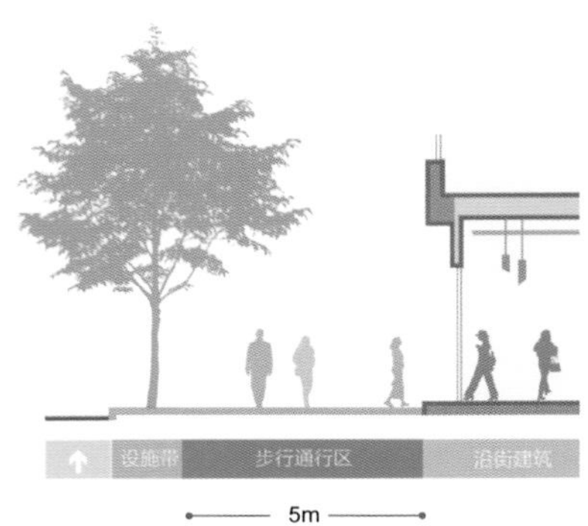

主要商业街、轨交站点出入口周边
Major business street and within the rim of entrances to transit stops

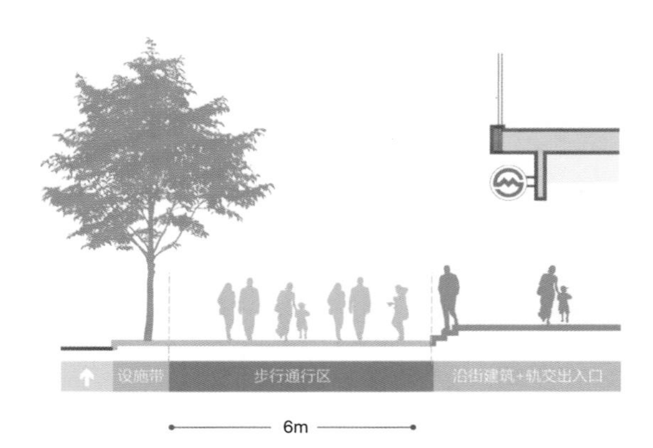

主要商业街结合轨交出入口位置
Major business street with entrances / exits of transit stops

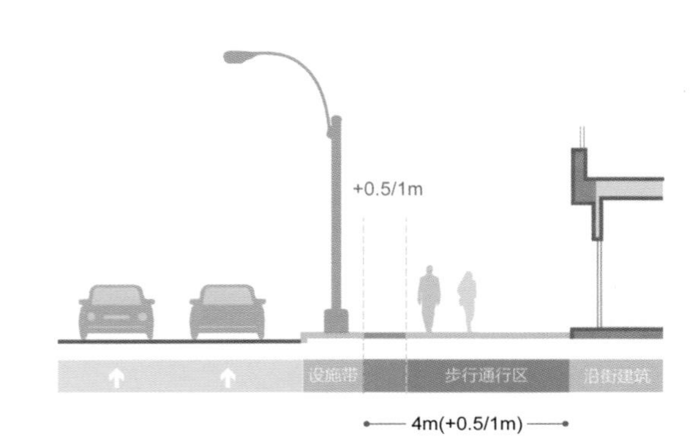

主、次干路两侧人行道
On both sides of artery / sub-artery

推婴儿车的父母
Parents with strollers

坐轮椅的人
People in wheelchairs

提行李箱的游客
Tourists with suitcases

行动不便的老人
Seniors with limited mobility

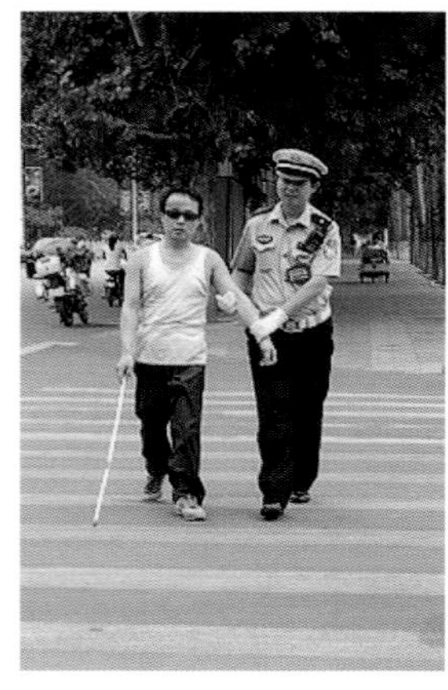

盲人
The visually impaired

■ **步行通行区应进行无障碍设计。**

Accessible design is required.

步行通行区应保持连贯、平整，避免不必要的高差；如有高差时，应设置斜坡等无障碍设施。步行通行区内必须设有安全、连续的盲道，保障盲人无障碍出行。

■ **设置人行天桥、过街地道、轨交站点出入口等设施时应保障步行通行区畅通。**

Infrastructures including flyover, underpass and entrances / exits of transit stops are designed on the premise of ensuring a smooth pedestrian thruway.

鼓励人行天桥的楼梯、过街地道和轨道交通站点的出入口结合沿街建筑或退界空间集约设置。

■ **步行通行与非机动车停放需求产生冲突时，优先保障步行通行需求。**

The right of pedestrians should be guaranteed first in case of conflicts between pedestrians and non-motorized vehicles.

应通过划线、标识和停放架明确允许非机动车停放区域，人流量较大的路段应禁止非机动车在停放区域之外停放。

可通过采用斜向停放、立体停放等集约停放方式，以及设置集中停放场库、协调周边地块提供停车场地等方法，满足非机动车停放需求。

■ **避免机动车违章占用人行道停放。**

Motor vehicles are banned from parking in sidewalks.

使用花坛、栏杆、路桩等设施在空间上对步行通行区进行隔离，栏杆、路桩等应按人性化尺度设置，色彩醒目。

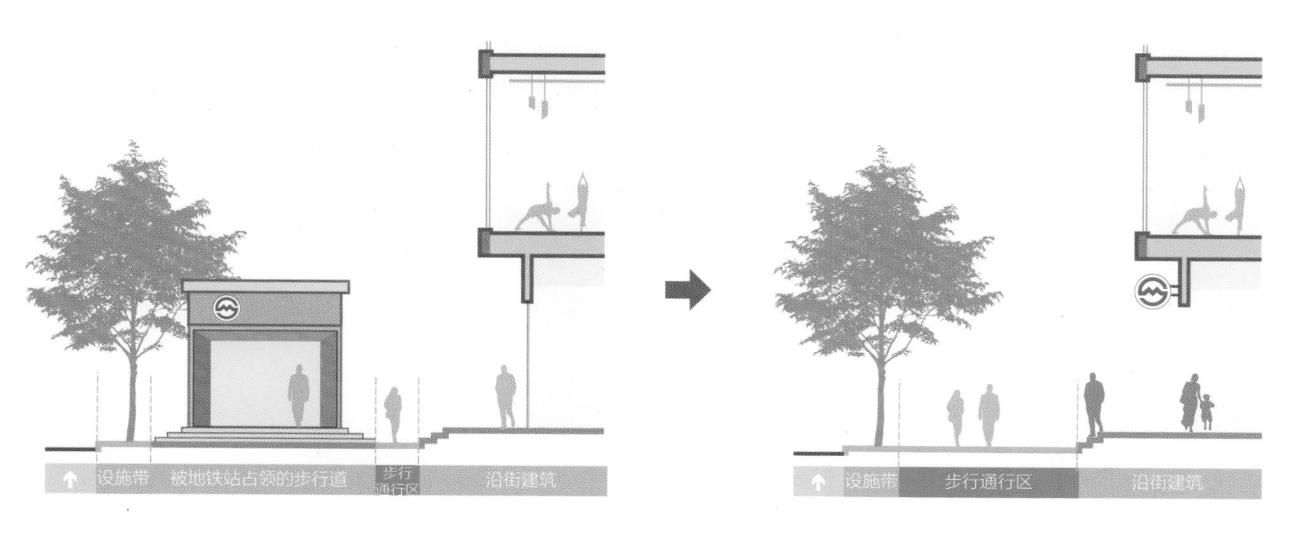

独立设置的轨交车站出入口
Solitary subway entrance

将地铁入口整合入建筑，提供充足的步行通行区
Subway entrances are incorporated into nearby buildings to guarantee adequate pedestrian thruway

绍兴路 非机动车停放有序，与步行通行互不干扰
Shaoxing Road non-motorized vehicles are parked orderly without interrupting pedestrians.

设施带
Facility belt

■ **将各类设施集约布局在设施带内，避免市政设施妨碍步行通行。**

Facilities are gathered in a specific zone so that pedestrians are not interfered by public infrastructures.

当沿街仅布置少量小尺度设施时，应将设施沿路缘石布置，其余空间作为步行通行区的补充。

■ **设施带一般设置在步行通行区与车行区域之间。**

Facility belt is always designated between pedestrian thruway and motorized lanes.

可利用设施带在行人和车辆之间形成缓冲区域。较宽的人行道可在步行通行区中设置独立的设施区带，但应控制长度与两侧最小宽度，避免妨碍两侧步行和活动区域的联通。

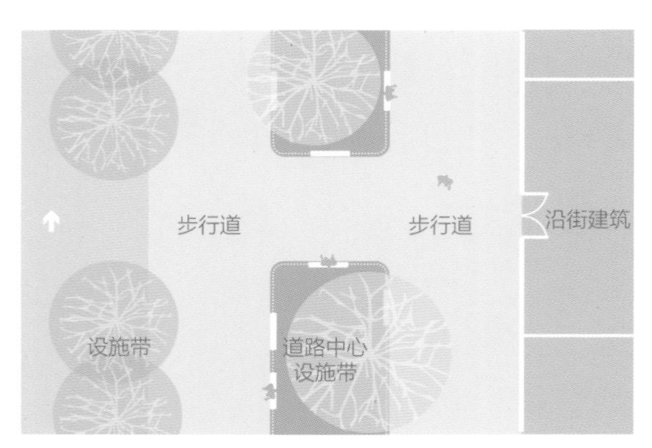

在较宽人行道中央设置的独立设施带
Separate facility belt in the central location of sidewalks

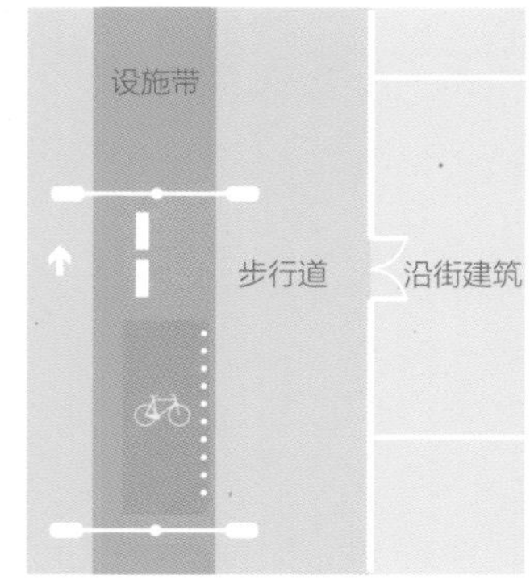

道路设施带的多功能设置
Multi-functional road facility belt

■ **设施带形式和设施配置应与街道宽度以及两侧功能类型相匹配。**

Facility belt should be designed whether in type or facility arrangement based on the street width and roadside functions.

设施带宽度一般为1.5~2米。

建筑前区 Frontage Area

■ **临街建筑底层提供积极功能时应合理设置建筑前区，避免步行通行与沿街活动相互干扰。**

For roadside buildings with positive functions in the first floor, appropriate front area of buildings should be established to avoid conflicts between pedestrians and roadside activities.

建筑前区宽度应统筹考虑人行道空间条件与沿线功能需求。对于无退界的临街建筑，应建立协商平台，在保护行人通行的前提下，规范沿街商户借用人行道。

表4-3 建筑前区推荐值
Tab. 4-3 Recommend Values for Front Area of Buildings

沿街建筑首层功能 First floor functions of roadside buildings	宽度建议 Recommended Width
以展示橱窗、贩卖窗口为主 Windows for display and selling	0.5~1米 0.5~1 m
进行室外商品展示、设置室外餐饮 Outdoor commodity display or outdoor dining facilities	1.5~2米 1.5~2 m
餐饮特色街道 Catering Street	3~5米 3~5 m

展示橱窗
Display window

室外餐饮
Outdoor dining facilities

餐饮特色街道
Street for food and beverage

目标四：过街安全

提供直接、便利的过街可能，保障行人安全、舒适通过路口或横过街道。

Objective 4:
Safe crossings

Provide direct, convenient street crossing options to ensure that pedestrians pass through intersections or cross streets safely and comfortably.

过街设施
Street crossing facilities

■ **根据行人过街需求设置过街设施，合理控制过街设施间距，使行人能够就近过街。**

Street crossing facilities are designed at an appropriate distance for pedestrians to cross streets without having to go far.

较长的街段和人流集中路段应设置路中过街设施，例如大型公共服务设施和居住小区出入口等。除交通性干路以外，一般街道过街设施的间距应控制在100米以内，最大不超过150米。

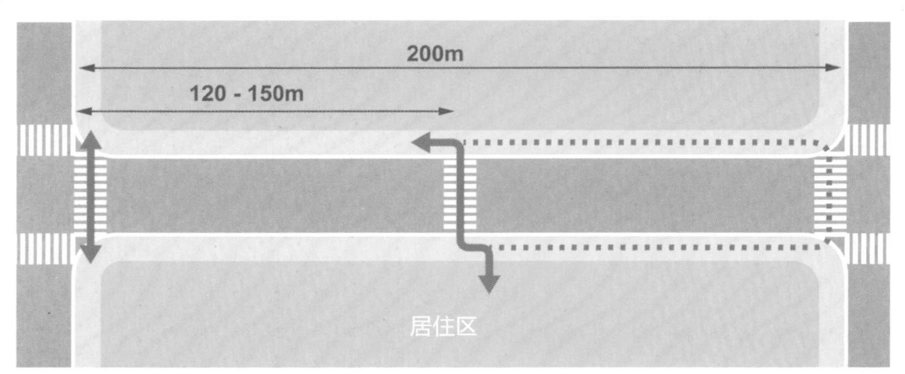

合理的过街设施间距
Reasonable distance between pedestrian crossing facilities

■ **道路交叉口应优先保障平面过街设施，鼓励城市道路两侧的建筑进行互联互通，通过空间连廊或地下通道的形式构建立体步行系统。**

A priority should be given to surface crossing facilities at intersections. Roadside buildings should be inter-connected to develop a systematic walking system with spatial corridors or underground passages.

连廊和地下通道是平面过街设施的重要补充，立体过街设施的设置应当合理选址，规模适当，加强与公交、轨道交通等相关规划的协调，做到步行与其他交通方式的良好衔接。连廊的设计应与城市风貌和周边景观相协调，坚持大方得体、安全实用的设计原则。

案例分析：
转弯半径与过街距离比较
Case analysis: Comparison between turning radius and crossing distance

淮海中路与嵩山路交叉口采用了较小的路缘石转弯半径。为保护东南街角的历史建筑，该角路缘石转弯半径仅5米，人行横道过街距离约为16米。此处有3条公交车线路北向南从嵩山路右转进入淮海中路，车辆转弯时，进入淮海中路的内侧车道。与之相比，郭守敬路和牛顿路交叉口采用了较大的路缘石转弯半径，半径为22~25米，使行人过街距离增加到37米。

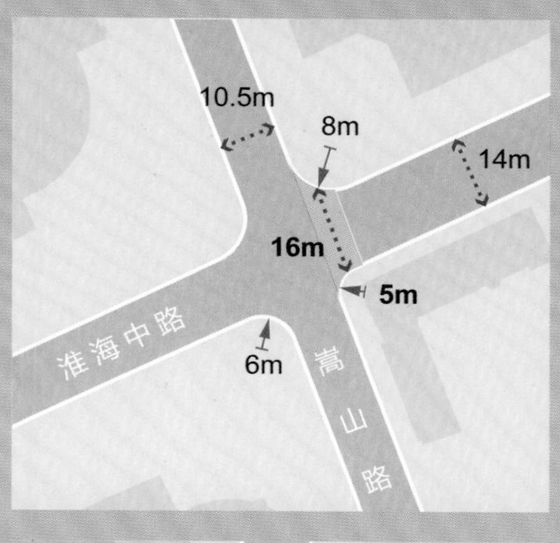

- **行人过街信号灯周期不宜过长，绿灯时间应考虑行动不便的人的过街需求。**

  Traffic light cycle for street crossing should not last for long, and green time setting should take into consideration people with mobility inconvenience.

  一般情况下，红灯等候时间不宜超过60秒。

路缘石半径
Curb radius

- **合理控制路缘石半径，缩短行人过街距离，引导机动车减速右转。**

  An appropriate curb radius should be designed to shorten crossing distance and guide right turn of motor vehicles at a lower speed.

  缘石转弯半径应与道路等级、功能相适应。红线转弯半径应大于或等于缘石转弯半径，以保证交叉口处行人过街等候空间。交叉口降低机动车的设计转弯速度能够使路缘石半径大幅缩减。

  主次干路车辆转弯速度相对较高，大型车辆相对较多，应保证缘石转弯半径值，设有非机动车道的缘石转弯半径一般不低于12米，极限不低干10米，不设非机动车道的缘石转弯半径一般不低于15米，极限不低于12米。

  支路车辆转弯速度相对较低、大型车辆相对较少，可以适当缩小缘石转弯半径，以8~10米为主，极限不低于5米。

表4-4 大型车辆转弯情况分析

Tab. 4-4 Situation Analysis on Large Vehicle Turning

车辆类型 Vehicle Type	转弯方式 Turning Method
一般大型车辆 General Large Vehicle	转弯半径为一般12米，通过借外道右转，可以通过较小路缘石半径的交叉口。 The maximum radius of turning circle of large is usually 12 m and they can pass the intersection of the diameter of smaller curbs by turning right via the outer lane.
大型货车 Large Vehicle	应利用夜间和清晨等交通较少的时间段送货，禁入狭窄支路。 Large truck should deliver cargoes at night or in the morning, when traffic is minor and should be forbidden from entering narrow access roads.
消防车 Firefighting Truck	进入狭窄支路为偶发情况，可通过临时借道满足相应转弯要求。 Occasionally entering narrow access roads, a firefighting truck can turn by temporary road borrowing.

人行横道
Zebra crossing

- **人行横道应与步行通行区对齐，宽度宜大于步行通行区。**

Zebra crossing should run parallel to pedestrian thruway at a larger width.

人行横道与步行通行区保持在一条直线上，可以保障步行空间的连贯畅通，避免绕行。人行道宽度大于与其相连的步行通行区，能够为道路两侧过街人群交汇提供空间。

- **人行横道的设置应与路口行人流量以及行人过街特征相适应。**

Zebra crossing should be designed according to pedestrian flow at intersections and their crossing characteristics.

人流量较大的路口，宜加宽人行横道宽度。斜穿交通较多的路口，可设置全相位人行横道。

路口人行横道偏离期望过街路径

Zebra crossing at intersections deviate from desired crossing radius

淮海中路黄陂南路全相位人行横道
The Zebra crossing at intersections of Middle Huaihai Road and South Huangpi Road

- **人行横道与人行道衔接处应保持通畅。**

Zebra crossing should be connected with sidewalks seamlessly.

避免在相应位置种植行道树及设置灯杆等设施，保持过街步行空间通畅。

- **路口标识与信号设置应为直行行人和非机动车提供保障。**

Marks and light design at intersections should provide guarantee to pedestrians and non-motorized vehicles.

信号控制交叉口宜设置左转相位，避免转向机动车与直行行人和非机动车发生冲突；当直行与转向车辆共用信号时，应通过信号及标识提示转向车辆避让直行行人。右转车辆较多的路口鼓励增设右转车辆信号控制专用相位，结合行人通行相位，在时间上规避人车冲突。

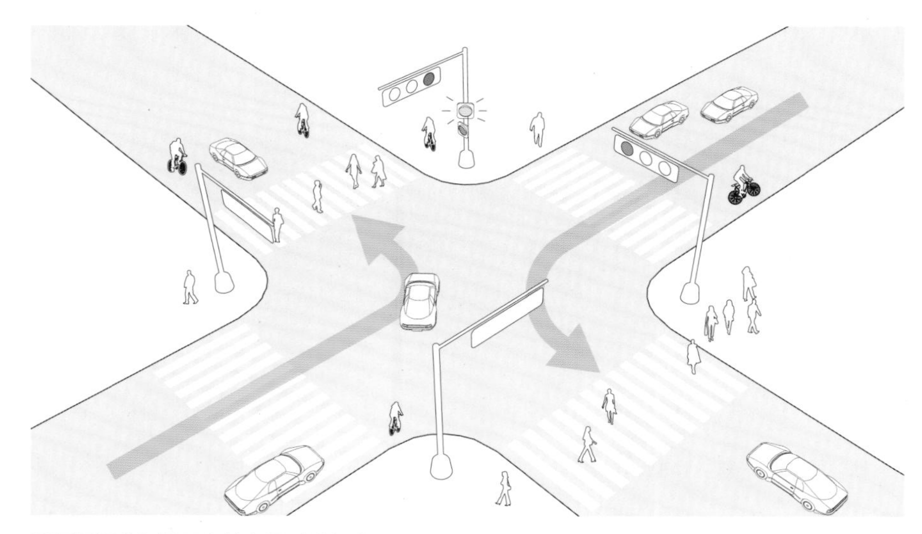

设置闪烁黄灯提示左转车辆避让行人
Provide yellow light flashing to remind left-turning vehicles to give way to pedestrians.

安全岛
Safety islands

■ **合理设置安全岛，缩短单次过街距离。**

Appropriate safety islands are required to shorten single crossing distance.

城市道路长度超过16米、或双向机动车四车道及以上且未设置信号灯的人行横道应在中央设置安全岛。计算人行横道长度时，应将机动车道与非机动车道合并计算。有中央分隔带的道路，可结合分隔带设置安全岛；无中央分隔带的道路，可通过压缩机动车道宽度增加安全岛，同时引导车辆减速通过。

■ **安全岛应为驻留行人提供安全、舒适的庇护。**

Safety islands should provide safe, comfortable shelter for pedestrians.

安全岛宽度宜不小于1.5米，以容纳更多的行人，最窄不得小于0.8米，满足自行车、婴儿车及轮椅的停放需求。安全岛驻留区长度宜不小于与其相连的人行横道宽度。路口的人行安全岛应设置岛头并延伸至人行横道外，配置路缘石、护柱和绿化，保护等候在安全岛上的行人并促使转弯车辆减速。

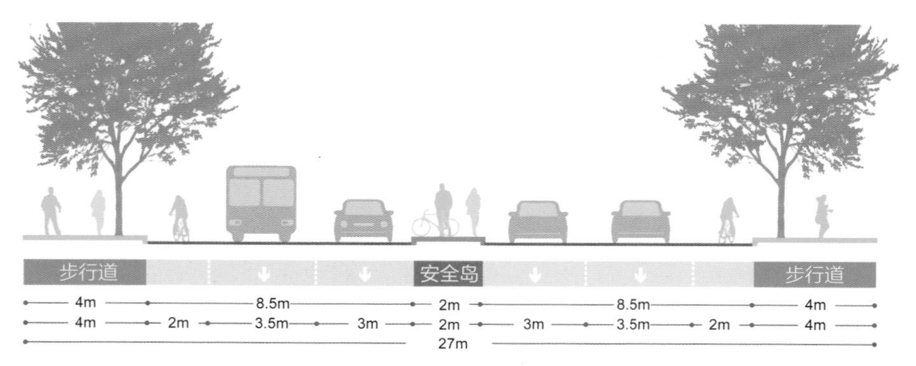

安全岛宽度宜不小于1.5米，最窄不得低于0.8米
Safety islands should measure at a width between 0.8 and 1.5m

交叉口异化设计
Special intersection design

■ **车流量较小、以慢行交通为主的支路汇入主、次干路时，交叉口宜采用连续人行道铺装代替人行横道。**

Continuous paved sidewalk instead of zebra crossing is required at the intersection connecting branches with small traffic flow and non-motorized traffic to artery / sub-artery.

在路口保持人行道铺装与标高连续，通过抬高或斜坡形式保证人行顺畅。

交叉口局部抬高
Partial elevation of intersection

- **车流较少及人流量较大的支路交叉口宜采用特殊材质或人行道铺装；可将车行路面抬高至人行道标高，进一步提高行人过街舒适性。**

Special materials or sidewalk pavement is recommended for branch intersections with small traffic low and large pedestrian flow; motorized lanes may be lifted as high as sidewalks for more comfortable crossing experience.

采用粗糙的路面材料或人行道铺装，可以引导机动车降低车速，增加步行的连续和舒适性。交叉口抬高是指在交叉口范围内使车行路面与路侧人行道的标高一致或接近，以此降低机动车通过交叉口的车速，保障行人安全，方便行人过街。相应节点设计应经过专门论证，避免给非机动车通行带来的安全隐患。

地块出入口 Entrance/exit

- **沿街地块内通道与街道衔接时，应协调进出车辆与过路行人的关系。**

Coordinate well vehicles and pedestrians in the area connecting roadside plots and streets.

沿街地块内通道设置应充分考虑所接入道路的等级，车行通道优先选择设置在较低等级的道路上。地块车行出入口处应保持人行道路面和铺装水平连续，或采用与人行道铺装较为接近的材质进行铺装，并设置相应标识提示行人注意进出车辆，限制车辆速度。鼓励保持人行道标高。 机动车出入口处的人行道应沿机动车行驶轨迹外侧设置阻车桩。

交叉口整体抬高
Overall elevation of intersection

车辆进出不多的出入口：整体延续人行道铺地与标高，控制放坡段长度。
Left Entrance/exit with small traffic flow — maintain sidewalk pavement and height, and control slope length

车辆进出较多的出入口：采用有别于人行道铺装及柏油路面的铺装进行强调。
Right Entrance/exit with large traffic flow — pavement different from that of sidewalks and asphalt roads for highlight

目标五：骑行顺畅

保障非机动车，特别是自行车行驶路权，形成连续、通畅的骑行网络。

Objective 5: Continuous bicycle lane

Guarantee a smooth road network for non-motorized vehicles, especially right-of-way for cycles.

骑行网络
Cycling network

- **确保骑行网络完整、连续、便捷。**

  A complete, smooth and convenient cycling network is guaranteed.

  应尽量避免设置禁非道路。禁非道路周边200米范围内应有满足服务要求的非机动车通道，并提供清晰的导引系统。严禁占用非机动车道设置停车带。

- **应根据非机动车使用需求及道路空间条件，合理确定非机动车道形式与宽度。**

  Determine properly the type and width of non-motorized lanes according to operation requirements of non-motorized vehicles and road conditions.

  非机动车道的形式包括独立非机动车道、划线非机动车道、混行车道及非机动车道路四类。独立非机动车道与机动车道之间采用分车带等硬质隔离，宽度一般应保证3.5米及以上，最窄不低于2.5米；划线非机动车道通过路面标线划示与机动车道进行隔离，宽度一般应保证2.5米及以上，最窄不低于1.5米；混行车道中机动车与非机动车混行；非机动车道路以非机动车交通为主，特殊情况下允许机动车借用。

分车带独立非机动车道
Independent non-motorized lanes with separate zones

硬质隔离非机动车道
Independent non-motorized lanes with rigid separation

划线非机动车道
Non-motorized lanes with line marking

混行车道
Mixed-use lanes

非机动车禁行道路
Lanes closed to non-motorized vehicles
有硬质隔离的独立非机动车道
Independent non-motorized lanes with rigid separation
非机动车单向禁行的道路
Non-motorized lanes with one-way access

案例分析：
非机动车道网络
Case analysis: Network of non-motorized lanes

应保持自行车骑行网络的完整性与连续性，尽量避免设置禁止非机动车通行的道路。禁非道路会增加骑行绕行或使骑行者违反交通规则骑到人行道上，与行人造成冲突。部分道路仅设置单向非机动车道，部分路段会使骑行者绕行近1公里，或促使一些人选择危险的逆向行驶。

福州路禁非道路
Non-motorized vehicles prohibited on Fuzhou Road

- **道路交叉口设计应适应骑行特征，满足安全要求。**
  Road intersections should be designed for safe cycling.

  交叉口应强调非机动车道的可识别性，鼓励设置非机动车专用信号灯和引导自行车过街的标识标线。

路权保障
Right-of-way

- **车流量较大的道路应对机动车与非机动车进行硬质隔离。**
  Rigid separation should be provided between motorized vehicles and non-motorize vehicles for roads of heavy traffic.

  硬质隔离包括绿化带、简易分车带、栏杆等。具备用地条件的可采用绿化带进行隔离，其他宜选用较矮的栏杆或路桩，避免对视觉通透和步行穿越街道造成障碍。

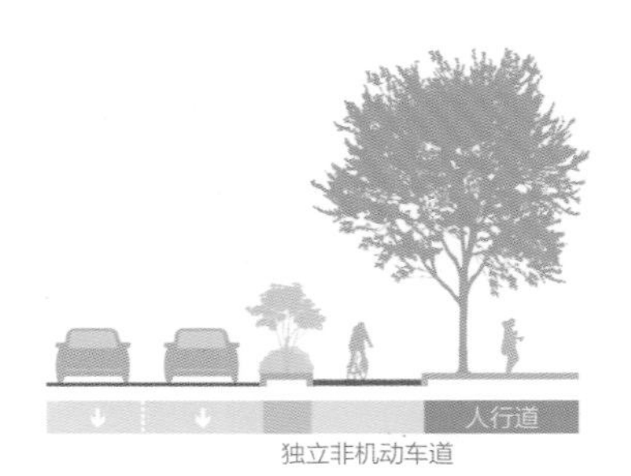

人行道
非机动车道

不同的非机动车道与机动车道隔离形式
Various separation modes between motor lanes and non-motor lanes

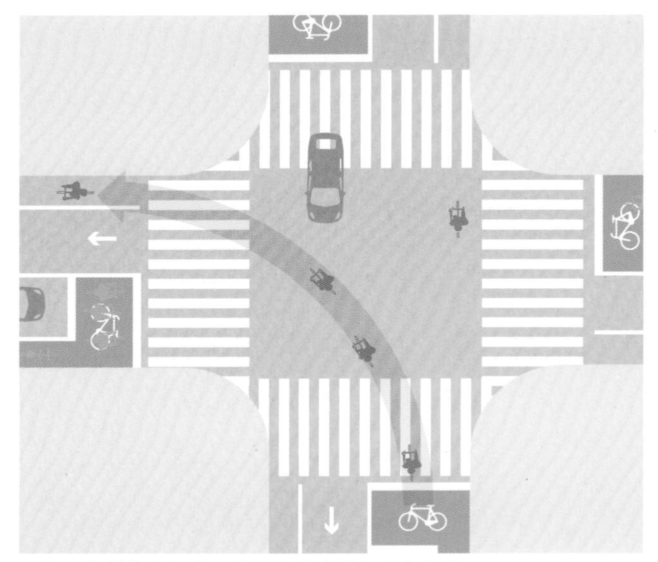

双向两车道支路在路口前置与扩大非机动车等候区
Bike box at the intersection for two-way branch

非机动车道路：在地面增加标识，提示机动车礼让非机动车
Non-motorized prioritized street: Add markings on the road and remind the motorized vehicles to give precedence to non-motorized vehicles

- **鼓励单车道支路在路口后置机动车停车线，前置与扩大非机动车等候区。**

  Bike box is encouraged at one-way branch, to enlarge bike waiting area.

  前置与扩大非机动车停车区，既可以为非机动车提供更多的停车空间，又可以使非机动车先于对面左转的机动车通过路口。

- **鼓励设置非机动车道路。**

  Non-motorized prioritized street is encouraged.

  鼓励机动车交通量较小的低等级道路作为非机动车道路进行管理，赋予非机动车高于机动车的路权。

- **非机动车道应采用地面标识、标线等方式，提醒机动车避让非机动车，避免机动车占用非机动车停车。**

  Non-motorized lanes should be marked with symbols and lines to remind motorized vehicles to avoid non-motorized vehicles and prevent motorized vehicles to park on Non-motorized lanes.

  重要景观道路沿线非机动车道可以采用彩色铺装或石材等其他具有识别性的铺装材质。采用彩色铺装时，应符合相应的颜色要求。

表4-5 分色涂装颜色推荐
Tab.4-5 Color Recommendation for Road Painting

车道类型 Lane type	**涂装颜色** Paint color
公交车道 Bus lane	红色 Red
非机动车道 Non-motorized lanes	蓝色 Blue
自行车专用道 Bicycle lane	绿色 Green

古北路 非机动车道采用蓝色涂装
Gubei Road, blue paint for non-motorized vehicles, blue paint

公交车站协调
Bus stop coordination

■ **临非机动车道设置公交车站时，应通过合理设计、铺装和标识等协调进站车辆、非机动交通、候车及上下车乘客之间的冲突。**

When setting bus stop near to non-motorized lanes, reasonable design, paint and marks should be provided to ease conflicts among buses, non-motorized vehicles, waiting passengers, and passengers getting on and off.

非机动车流量较大的道路设置路侧式公交站台时，宜在非机动车道左侧设置较宽的岛式站台。岛式站台应满足设置候车亭及乘客候车和上下车的空间需求，不设置候车亭时宽度一般不小于1.5米，设置候车亭时宽度不小于2.5米。人行道与岛式站台之间的非机动车道可通过划示斑马线、特殊铺装、抬高等方式，提示非机动车避让行人。

非机动车流量较小的道路设置公交站台时，可设置突起式车站，引导非机动车借用人行道从公交车站后侧绕行。应通过地面铺装或划示，明确允许非机动车借用的区域。

公交车占用非机动车道停靠时，应通过地面铺装和划示，明确公交车停靠位置，提示非机动车避让。

曲阳路公交车进站措施：公交车进站处采用非机动车道绕行，并设置加宽岛式站台确保上下车乘客安全，将公交车、非机动车与乘客之间的冲突降至最低。

Pulling in of buses at Quyang Road: Non-motorized lanes are detoured at the bus stop, and a widened island platform is provided to guarantee the safety of passengers getting on and off, thus minimizing conflicts among buses, non-motorized vehicles and passengers.

公交车站设计优化建议

Suggestions for design improvement of bus stations

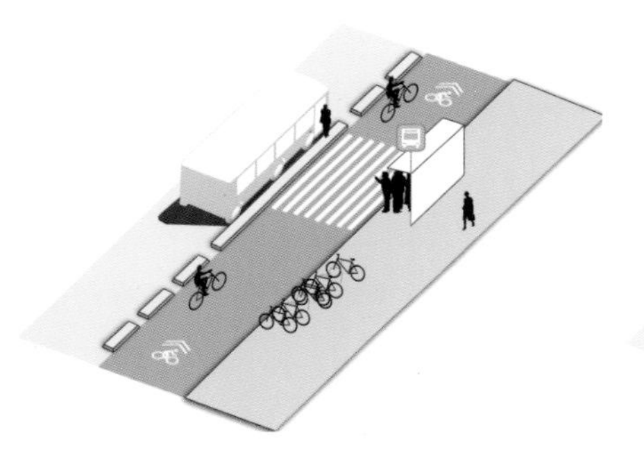

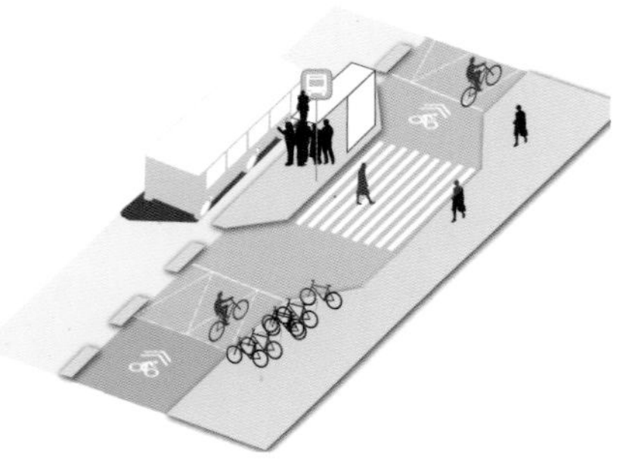

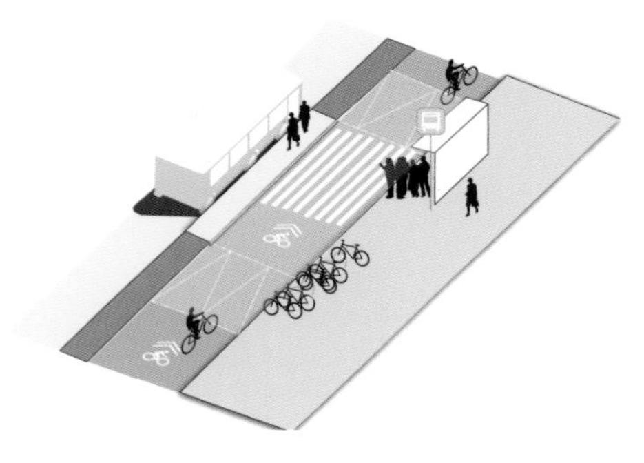

- 设置较窄的站台供乘客上下公交车
- 在非机动车道上设置斑马线
- 在步行道上设置候车设施
- 车站处的乘客需要和非机动车协调通行顺序，骑车人需避让公交乘客

- A narrow platform for passengers to get on and off the bus
- Zebra crossing at the bicycle lane
- Bus waiting facilities provided on the sidewalk
- Passengers at the stop should coordinate with cyclists for order of pass, and the cyclists should avoid and let passengers get on and off the bus first

- 站台较宽并整合了候车设施
- 在穿越非机动车道处设置斑马线
- 公交乘客和非机动车车的冲突有所降低。乘客需等待并让自行车先行
- 非机动车道向外蜿蜒使站台有足够面积，并且还能降低自行车速度

- A wide platform with waiting facilities
- Zebra crossing set on the bicycle lane Diminished conflict between bus passengers and bicycles. Passengers should wait and let bicycles pass first
- Bicycle lane should detour outward to allow enough space for the bus stop, and such practice can reduce bicycle speed

- 在公交车站处将非机动车道抬起以降低车速，并提高站台的步行可达性
- 提醒骑车人注意行人

- Uplift the bicycle lane at the bus stop to reduce bicycle speed, and improve accessibility of the bus stop
- Remind cyclists to pay attention to pedestrians

目标六：设施可靠

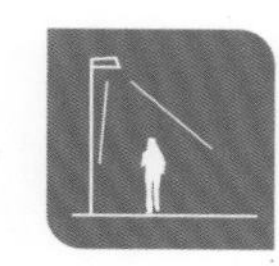

提供可靠的街道环境，增加行人安全感。

Objective 6: Reliable facilities

Provide reliable street environment and enhance safety of pedestrians.

- **附属功能设施及建筑附属设施应坚固可靠，不得妨碍行人活动及车辆通行安全。**

Auxiliary function facilities and buildings' ancillary facilities should be solid and firm, and have no impact of pedestrian activity and vehicle passing.

进入步行空间的交通标志牌、店招等各类设施净空应大于2.5米，避免妨碍行人的正常通行。斜拉索应通过色彩鲜艳的索套进行警示。

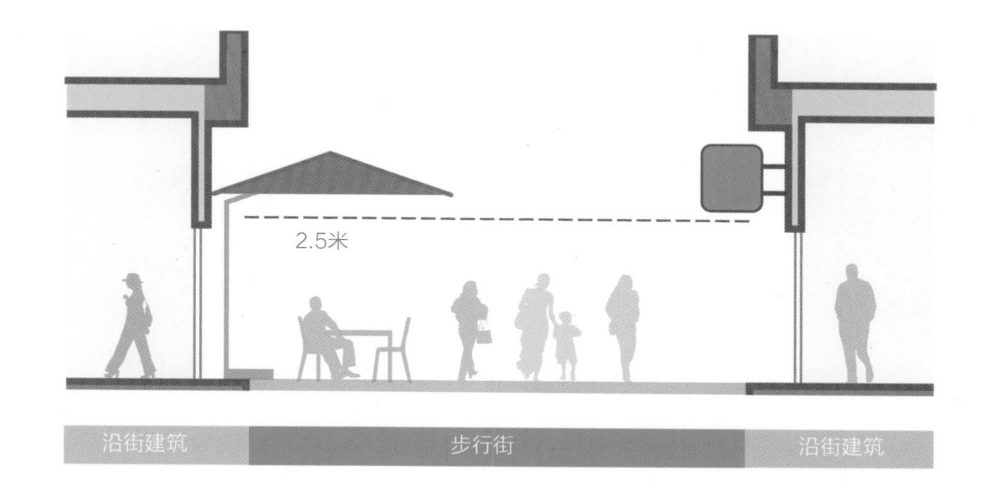

- **人行道铺装应满足防滑要求。**

Sidewalk pavement should provide sufficient anti-skidding performance.

人行道宜采用现浇混凝土、透水沥青、混凝土砌块砖等摩擦系数较大的铺装材料。

- **街道特别是人行道应提供充足的夜间照明。**

Streets, especially sidewalk should be equipped with sufficient lighting in the night.

路灯的数量、形式和照度应满足人行道的照明需求。对于较宽的道路和人行道，应设置人行道专用柱灯，或结合沿街建筑物或围墙设置壁灯。

防滑人行道铺装
Anti-skidding pavement for sidewalk

大学路：人行道专用柱灯
Daxue Road: Pillar lamp designated for sidewalk

底端光照
Lighting from below

低光
Low lighting

顶端光照
Lighting from above

典型路灯照明
Typical street lighting

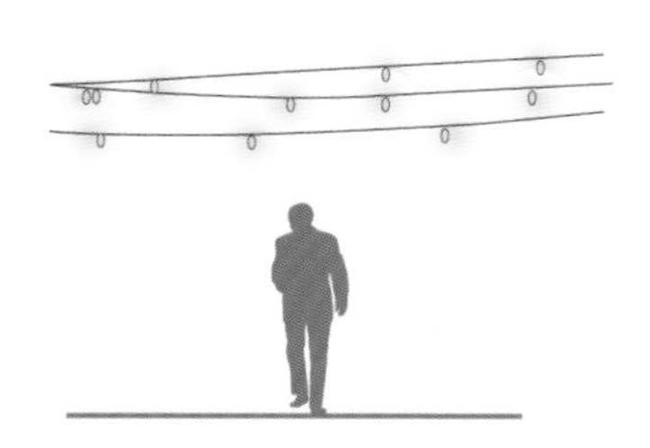

绳灯
Rope light

发光界面
Lighting interface

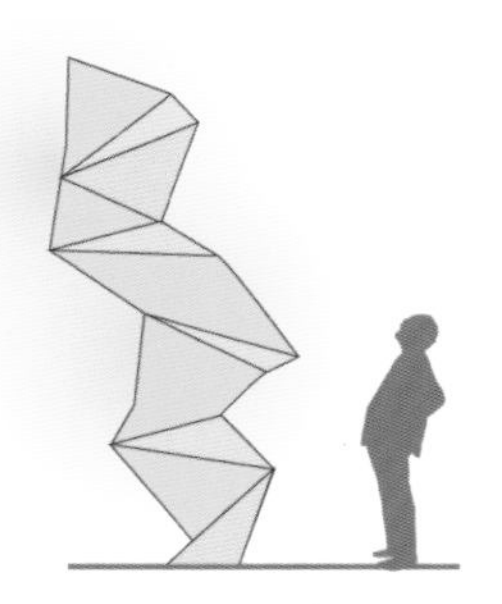

发光雕塑
Lighting sculpture

树木直接照明
Direct lighting on trees

步行空间照明方式
Lighting methods for walking through zone

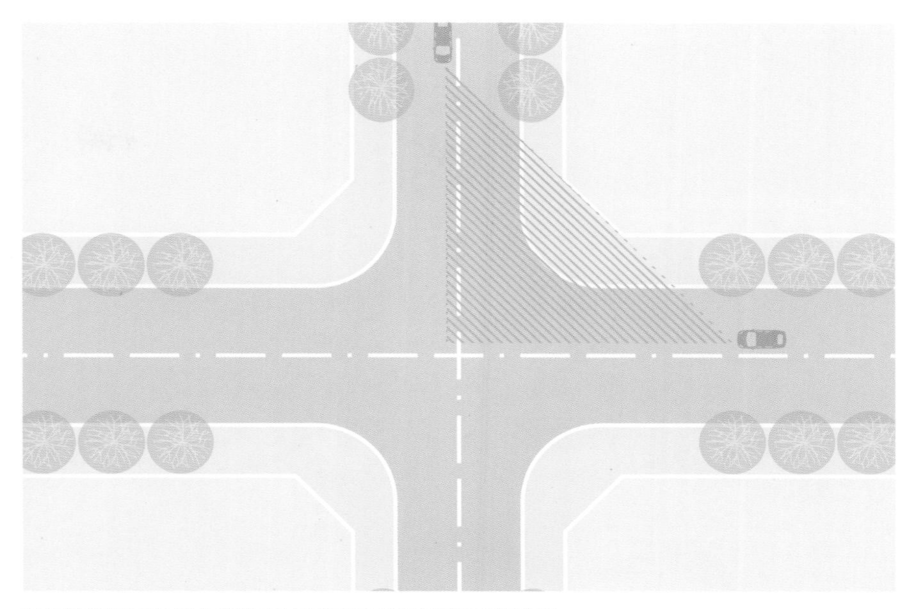

路口的视距三角形内应避免过高绿化对驾驶员视线的遮挡
Green plants inside the sight triangle of the intersection should not be too high to block drivers' sight

- **应对卸货活动提供空间、时间引导，规范卸货设施，避免干扰其他街道活动。**

Space and time guidance should be provided to unloading activities, and unloading facilities should follow certain norms, thus not to interfere with other street activities.

卸货活动原则上应在地块内部进行，或在道路设置专用卸货车位；应避免在步行活动密集的街段设置地下车库出入口与卸货区域。建筑沿街卸货区及卸货入口非使用时应保持关闭。可在夜间等车流交通较少的时间或车流较少的路段，利用道路进行装卸货，但不得占用人行道装卸货。

- **避免沿路绿化、停车遮挡视线。**

Greenbelt or parked vehicles along the road should not block drivers' sight.

道路绿化的设计需符合《上海市绿化条例》《城市道路绿化规划与设计规范》等相关设计规范要求。

第五章 绿色街道

CHAPTER 5 GREEN STREET

目标一：资源集约

集约、节约、复合利用土地与空间资源，提升利用效率与效益。

Objective 1: Resource efficiency

Land and space resource should be utilized in an intensive, saving and compound mode, thus improving utilization efficiency and benefits.

土地集约利用 Compact land use

- **在满足交通、景观与活动功能需求的前提下，适当缩窄道路红线宽度、适当缩小交叉口红线半径，集约节约用地。**

Should demands of traffic, landscape and activity are met, the width of road boundary and the radius of intersection boundary can be decreased properly to save land.

根据功能分区特点，鼓励选用较小的推荐道路红线模数。生态景观区道路可根据需要与道路红线两侧绿化相结合，优化组合布设道路横断面。

平面交叉口应充分考虑安全停车视距、交叉口建筑退界、交叉口道路等级、特种车辆转弯需求等因素，合理设置转角红线圆曲线半径取值。

表5-1 推荐道路红线宽度

Tab.5-1 Recommended boundary mode

道路等级 Road class	推荐道路红线宽度模式 Recommended boundary mode
主干路 Artery	40m, 45m, 50m, 55m
次干路 Sub-artery	24m, 30m, 32m, 35m, 40m
支路 Branch	10m, 12m, 16m, 20m, 24m

表5-2 交叉口转角红线圆曲线半径优化前后节约用地表

Tab.5-2 List of land saving before and after optimizing the circular curve radius of the intersection corner boundary

转弯半径（米） Turning radiusm (m)	交叉口转角红线圆曲线半径（米） The circular curve radius of the intersection corner boundry (m)									
	R_2	R_1	R_2	R_1	R_2	R_1	R_2	R_1	R_2	R_1
	25	20	25	15	20	15	20	10	15	10
面积差（平方米） Size difference (m²)	193		343		150		258		107	

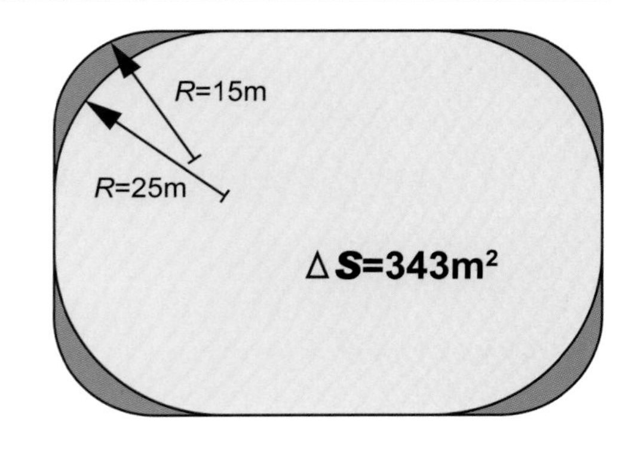

将道路转弯半径由25米减小为15米，可增加343平方米可建设用地

When turning radius is reduced from 25m to 15m, a 343m² of available land for construction is provided.

■ 鼓励提高轨交站点周边土地开发强度，进行TOD开发。

High-intensity land development and TOD development is encouraged for area surrounding rail transit stations.

TOD开发地区必须提供密集的慢行网络、充足的公共开放空间和公共服务设施配套，并对开发功能进行深度复合。

■ 公共活动中心与混合功能区鼓励沿街紧凑开发。

Compact development along the street is encouraged for public activity center and mixed-use area.

相应地区在满足整体地块绿地率、配建停车位等指标要求的前提下，可集中设置的广场、绿地等公共开放空间和停车等配套设施，对相应指标进行统筹协调。

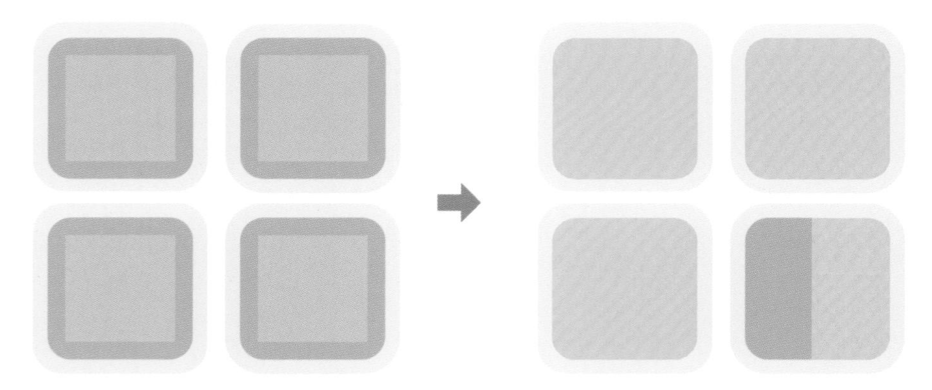

传统地块开发模式：绿地围绕建筑

Traditional land development model: Green space surrounding buildings

集约地块开发模式：合并绿地空间，设置集中开放的社区公园

Intensive land development model: Combining green space and provide a concentrated community park open to all

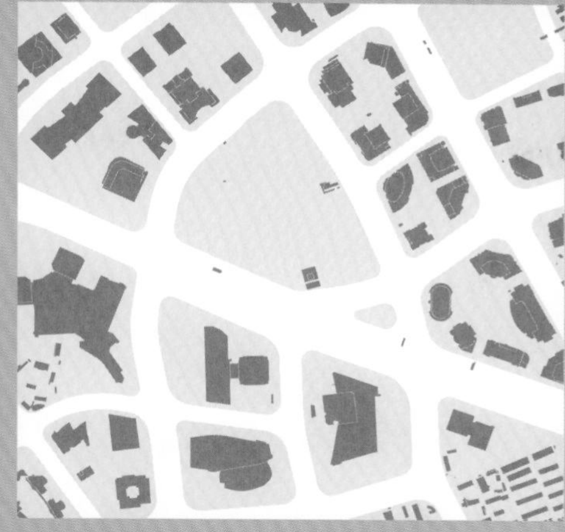

黄浦区北部地区多层高密度建设模式
Multi-rise high-density construction mode in Northern Region of Huangpu District

小陆家嘴高层低密度建设模式
High-rise low-density construction mode in Xiao Lujiazui

案例分析：
黄浦区北部地区与小陆家嘴建设模式比较

Case analysis: Comparison of construction mode between Northern Region of Huangpu District and Xiao Lujiazui

外滩地区与小陆家嘴地区采用两种截然不同的建设模式。外滩地区采用多层高密度开发方式，以多层和小高层建筑为主，建筑覆盖率高，通过建筑限定出街道空间，提供完整、连续的临街界面。小陆家嘴地区采用高层低密度开发方式，以高层和超高层建筑为主，建筑覆盖率低，留出较多地面绿化空间，街道空间尺度大，无连续界面。

集约设计与使用
Intensive design and use

- **街道空间有限时，在不同区段满足各种设施与活动的空间需求。**

  When street space is limited, space demands for facilities and activities should be met at different sections.

  街道断面中可利用路侧设施带形成多功能带，满足种植行道树种植、非机动车停放、商业与休憩活动、停车带设置等需求。

- **鼓励街道空间分时利用，协调步行、小汽车与货运交通冲突。**

  Time-sharing utilization of street space is encouraged, and traffic confict among pedestrians, cars and freight transport should be compromised.

  历史风貌街区、商业街区中空间紧凑、人流量较大的街道，可在白天或人流量较大的时间段禁止机动车通行。利用深夜和凌晨等车流量较小的时间组织货运交通，其他时间禁止大型货车进入城区，避免对城市交通和沿街活动的干扰。

■ **街道空间分配应留有弹性空间。**

A flexible space should be reserved when allotting street space.

通过设置弹性空间，提高街道空间的适应性与使用的灵活性。对于同一条街道而言，可以针对工作日和周末形成不同的空间分配和使用方式；居住区街道可在夜间允许机动车占用非机动车道沿路停放。

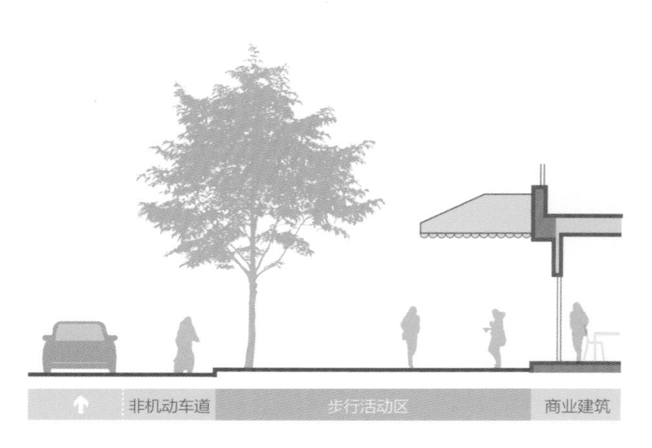

商业街道——工作日
Commercial street —working days

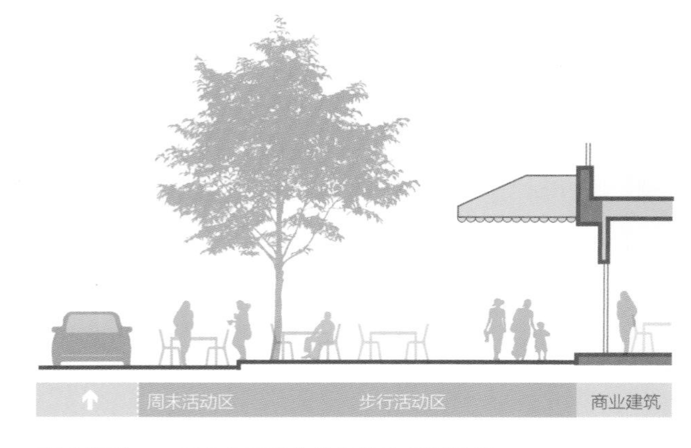

商业街道——周末非机动车道作为步行活动区
Commercial street —using non-motorized lanes as pedestrians activity area on weekend

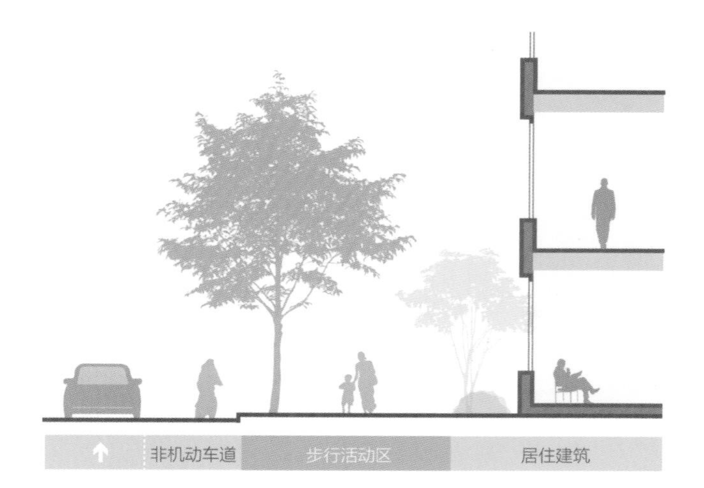

生活服务街道——白天
Living and service street — day

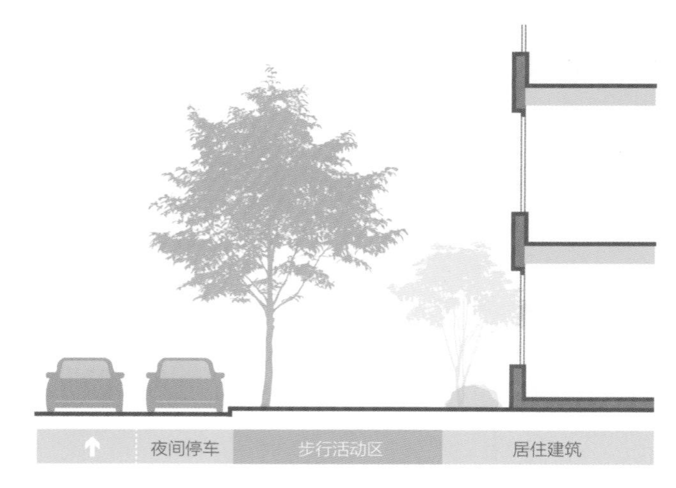

生活服务街道——夜晚非机动车道用作夜间停车
Living and service street —using non-motorized lanes as parking lot in the night

目标二：绿色出行

倡导绿色出行，鼓励步行、自行车与公共交通出行。

Objective 2: Green mobility

Encourage green mobility, specific walking, cycling and public transit.

优先排序 Priority order

- **分配道路空间时，应优先保障绿色交通空间与相关设施需求。**

  When allotting road space, sufficient space should be given first to Green Mobility and demands of related facilities should be met.

  在空间保障优先级排序中，应将步行通行排在首位，其次是公共交通，再次是非机动车通行。

公共交通 Public transit

- **轨交站点周边应形成连续、便捷的换乘路径。**

  Continuing, convenient transfer paths should be formed surrounding rail transit stations.

  强化街道与轨交站点的连接，强化无障碍与可达性，便于各种绿色交通方式换乘。临主、次干道设置轨交车站时，应在道路两侧分别设置出入口；单侧设置出入口时，应提供舒适、安全的过街设施。

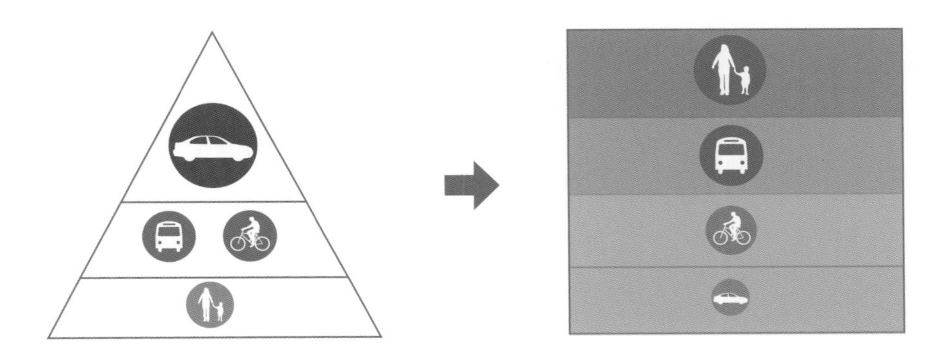

交通方式优先级排序
Priority ranking of traffic modes

西藏南路公交车专用道
South Xizang Road Bus lane

无候车亭的公交车站
Bus stop without shelter

有候车亭的公交车站
Bus stop with shelter

- **鼓励设置公交专用道、公交专用路，优先保障公交路权。**

  Bus designated lane and bus designated road is encouraged to give priority of buses' right-of-way.

  公交专用道应结合公交线路密集、断面客流较大的主、次干路设置。

- **公交车道及公交专用道路应通过铺装及相应标志标识强调公交车路权，保障公交通行效率。**

  Special Pavement and marks should be provided for bus lanes to highlight buses' right-of-way, thus guaranteeing bus passing efficiency.

  公交专用道及公交专用路如铺设彩色沥青，建议采用暗红色。

大学路非机动车停放
Daxue road: parking lot for non-motorized vehicles

- **公交车站宜设置候车亭；无法设置独立候车亭时，应提供相应照明、遮蔽与信息设施。**

  Shelter is recommended for bus stop; and if it is unavailable to provide shelter, then lighting, roof and information facilities should be provided.

  公交车站应保障充足的候车区域。建议在现行标准公交候车亭的基础上，增加带有座椅、遮蔽设施和公交信息的简易候车亭。

非机动车设施
Facilities for non-motorized vehicles

- **路侧非机动车停放区和公共自行车租赁点应按照小规模、高密度的原则进行设置。**

  The setting of road-side parking lot for non-motorized vehicles and rental station for public bicycles should follow the principles of small size and high density.

  非机动车停放区服务半径不宜大于50米；公共自行车租赁点服务半径以250米左右为宜，并结合轨道车站、广场、重要公共建筑等人流集散地设置。

- **空间有限时，优先保障自行车停放和公共租赁设施的空间需求。**

  If space is limited, top priority should be given to bicycle parking lot and public rental station.

  沿街建筑应在地块内或结合退界空间提供非机动车停放区域，满足长时间停放需求。路内可设置少量非机动车临时停放设施。

  在目的地、公交车站、商业区域增加非机动车停车，其中商业区域停放区域应靠近非机动车道。

  在道路空间较为紧张的情况下，可通过设置自行车专用车架等方式，优先保障自行车停放。

交通衔接
Traffic coordination

- **应将公交车站、轨交车站、非机动车停放设施与重要公共开放空间和公共服务设施进行整合，方便不同交通方式相互衔接转换。**

Bus stops, rail transit stations, and non-motorized vehicle parking facilities should be combined with key public open space and public service facilities, thus facilitating transfer among different ways of traffic.

应结合公共开放空间、重要公共服务设施设置公交车站。结合轨交站点、公交车站、公共开放空间、公共服务设施及其他主要出行目的地设置非机动车停放设施和公共自行车租赁点，并配备相应遮蔽设施。

- **换乘节点应提供清晰的标识与指引系统，方便不同交通工具的换乘。**

Clear mark and guidance system should be provided at transfer joint, thus helping passengers to transfer easily.

应加强交通标识的可见性，设置地图提供站位、线路及周边换乘信息。

新江湾城地铁站：公共自行车租赁点与轨交站出入口相结合
Xin Jiangwancheng Metro station: Combination of public bicycle rental station and entrance of rail transit station

目标三：生态种植

提升街道绿化品质，兼顾活动与景观需求，突出生态效益。

Objective 3: Ecological planting

Street greening quality should be increased to meet demands of both activity and landscape, thus gaining ecological benefits.

绿化形式
Greening patterns

- **合理布局街道绿化，通过多种方式增加街道绿量，发挥街道遮阴、滤尘、减噪等作用。**

Street greening should follow a reasonable pattern and be increased in a number of ways. Also, greening should provide shading, dust filtration and noise reduction for streets.

街道绿化包括行道树、沿街地面绿化、垂直绿化、街头绿地、退界区域地面绿化、盆栽、立面绿化、结合隔离设施及隔离带形成的绿化等。

街边绿地
Street-side green space

结合隔离设施进行绿化
Greening combined with separation facilities

退界区域设置盆栽
Potted plants at setback zone

立面绿化
Facade vertical greenary

行道树
Street trees

- **鼓励有条件的街道连续种植高大乔木，形成林荫道，提升休憩空间品质。**

If allowed, tall trees are recommended along streets to form boulevard, thus creating favorable space for resting.

景观休闲街道、宽度超过20米和界面连续度较低的各类街道宜形成林荫道。设置分车带的道路应结合分车带种植乔木，增加行道树列数。行道树种植间距以6~8米为宜。

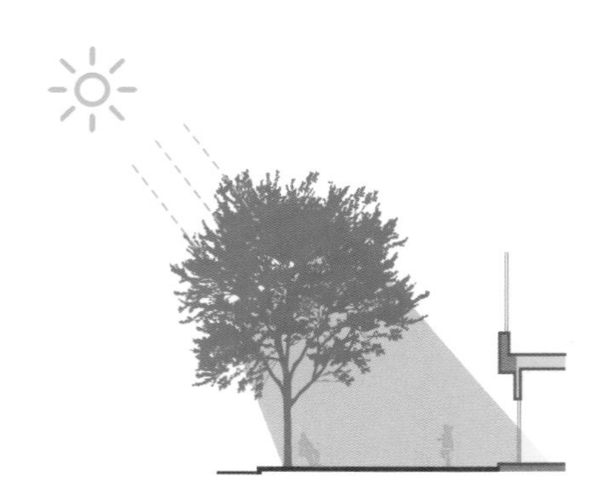

高大乔木夏天遮阴
Shading of tall trees in summer

冬季落叶可以渗透阳光
Sunlight penetrating through trees in winter

林荫道设置应符合《上海市林荫道建设导则》相关要求。对于属于本市已命名、储 备的林荫道或按林荫道标准规划的街道，应将交通信号灯设置在道路中央，避免树木与信号灯交叉的矛盾。

上海气候冬冷夏热，以悬铃木为代表的落叶乔木树冠较大，夏季能够提供有效遮阴，落叶后冬季阳光可以照入街道空间，形成斑驳树影，提升环境体验。建议根据景观需要选取上海市常用落叶乔木，突出街区特征，提高可识别性。

行道树种植间距、配置及栽植等应符合《林荫道绿化建设设计规程》《园林绿化 植物栽植技术规程》相关规定。

- **避免绿化种植遮挡路灯、路牌和信号灯。**

Green plants should not block street lamps, guide-board and signal lamps.

应对行道树进行及时、适当的修剪。

- **空间较为紧凑的街道应因地制宜，根据道路空间情况，合理选择行道树种植方式。**

For street of compact space, reasonable way of tree planting should be selected on a case-by-case basis.

宽度小于20米且沿街建筑界面连续的街道，可采用较高密度种植中小型树木，或采用大的种植间距种植高大乔木。

东西向道路南侧形成连续街面时，可以只在北侧种植行道树，以此释放人行道通行空间。

商业步行街可以在道路中央种植行道树，减少对沿街商业店面的遮挡。

两侧设置连续骑楼的街道和特别狭窄的街道，可以不种植行道树。

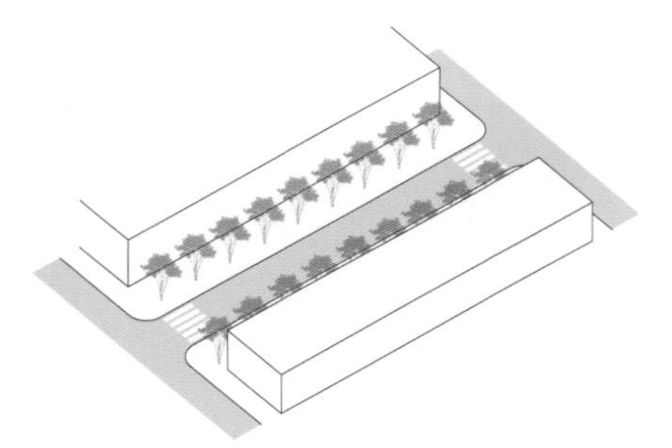

高密度种植小树
High-density planting small trees

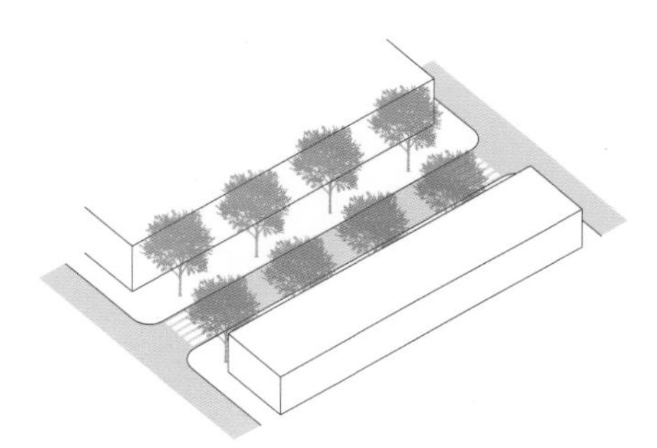

低密度种植大树
Low-density planting tall trees

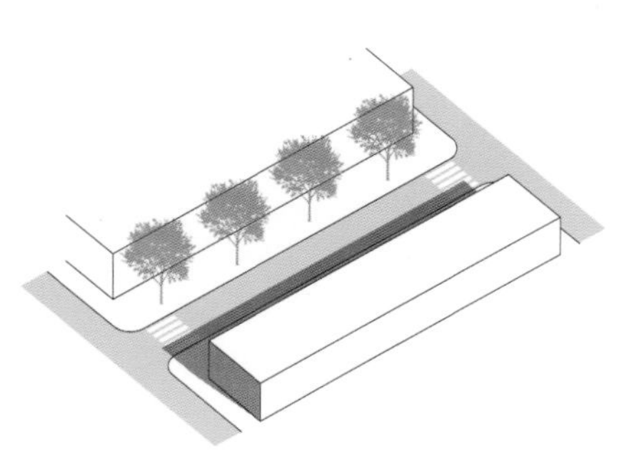

东西向街道南侧连续界面时只在北侧种树
Trees planted at the north only in case of the east-west street is lined with continuous Street frontage on its south side

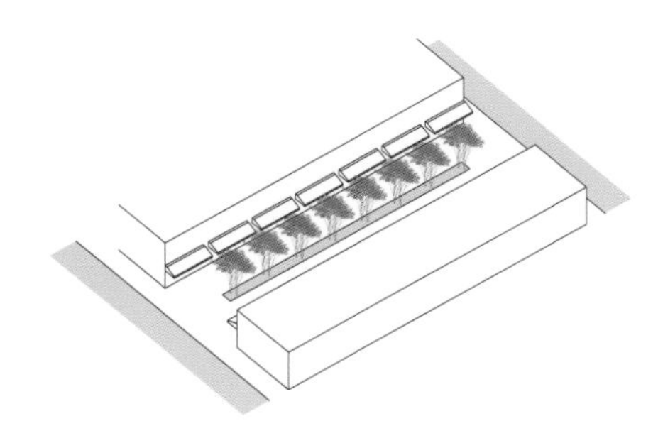

商业步行街在中央种两排树
Two rows of trees planted in the middle of the commercial pedestrian streets

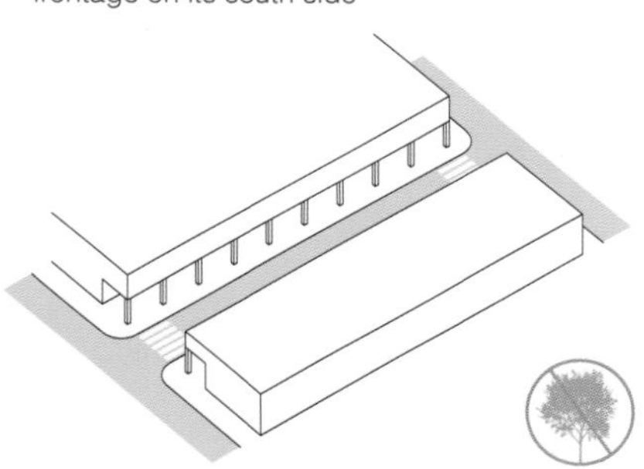

骑楼可以不种植行道树
No trees for arcade-house street

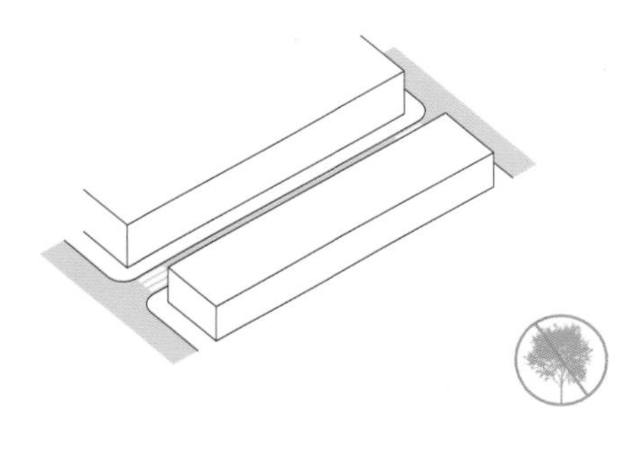

特别狭窄的街道可以不种植行道树
No trees for alleyway

综合绿化
Comprehensive greening

- **选择树种，应考虑植物的抗逆性、安全性、适应性和降噪除尘能力。**

  Choice of tree species should pay attention to plants' stress resistance, safety, adaptability, and ability to reduce noise and dust.

  建议优先考虑对环境适应性较强的行道树树种，例如对二氧化硫、氯气等抗性较强，或具有较强降噪能力的植物。混合搭配植物提高降噪效果。

被悬铃木覆盖的庆余路
Qingyu Road covered by sycamore

- **沿路绿化宜选择本地植栽，选择花木及色叶植物，增加景观层次性、色彩多样性和街道识别性。**

Local plants are recommended for roadside greening. Flowering trees and colored foliage plants are preferred to enrich landscape layers, color diversity and street identity.

绿化种植应利用不同的形态特征进行对比和衬托，注意纵向的立体轮廓线和空间变换，做到高低搭配，有起有伏，并对不同花色花期的植物相间分层配置，使植物景观丰富多彩。

红色和黄色的色叶植物装点街道空间
Red and yellow colored foliage plants decorating the street space

景观与活动
Landscape and activity

■ 商业与生活服务街道应通过提高绿地的硬地比，协调景观与活动需求。

The proportion of pavement in green space along streets in commercial areas and communities should be increased to strike a balance between landscape and living requirements.

特殊情况下，经研究论证，可适度降低绿地率要求，设置树列、树阵、耐践踏的疏林草地等绿化形式，结合景观草坪、灌木种植，形成活力区域。

创智广场景观绿化
Public green landscape in the Knowledge and Innovation Community

曲阳路地铁站前开放式绿地
Public green space near Quyang Road subway station

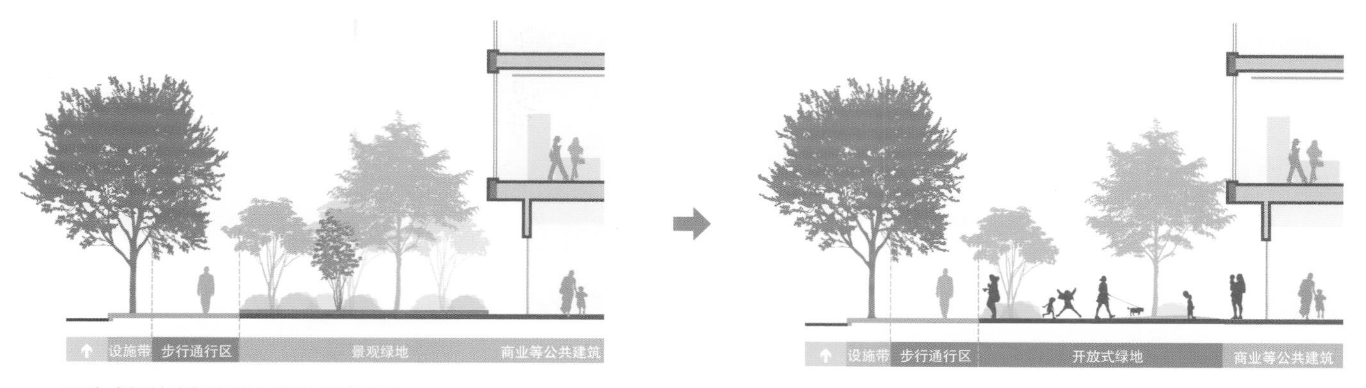

开放式绿地空间取代封闭的装饰绿地
Replace enclosed green space with open, accessible public greenbelts

目标四：绿色技术

对雨水径流进行控制，降低环境冲击，提升自然包容度。

Objective 4: Green technology

Control rainfall runoff to reduce environmental impact and increase natural tolerance.

海绵街道
Sponge street

- **人行道鼓励采用透水铺装，非机动车道和机动车道可采用透水沥青路面或透水水泥混凝土路面。**

  Permeable pavement is encouraged for sidewalks whereas permeable asphalt or cement concrete pavement could be used for non-motor vehicle lanes and motor vehicle lanes.

  透水铺装按照面层材料不同可分为透水砖铺装、透水水泥混凝土铺装和透水沥青混凝土铺装，嵌草砖、园林铺装中的鹅卵石、碎石铺装等也属于渗透铺装。鼓励步行通行区采用透水沥青混凝土铺装，兼顾轮椅、婴儿车与拉杆箱通行需求。

- **可结合实际需求，因地制宜沿街设置雨洪管理设施。**

  Provide storm water control facilities along streets based on local conditions and actual demands.

  应注重发挥行道树池与沿街绿地在雨洪管理方面的作用。

- **空间较为充裕的街道，可进行雨水收集与景观一体化设计。**

  For streets with enough space, rainwater collection and integrated landscape design can be carried out.

  可设置较宽的雨水湿地，暴雨时形成“城市河流”，或设置地沟作为开敞式径流输送设施，在满足海绵城市要求的同时，形成较好的景观效果。

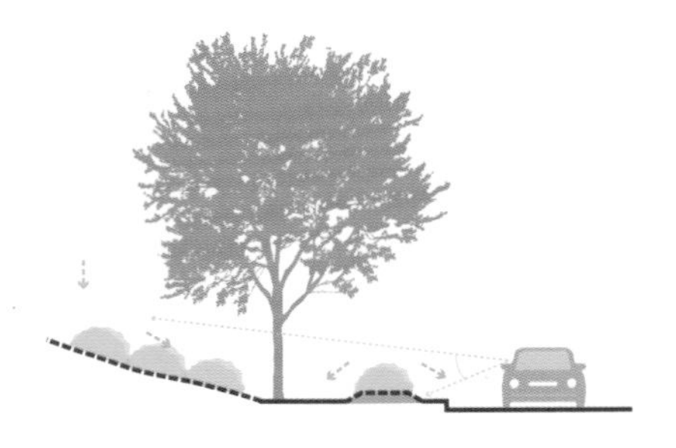

上凸式绿地增加了司机的视觉绿色范围，
但雨水易斜流至路面，无法让雨水滞留

While protruding greenbelts broaden drivers' visual range and enable them to be exposed to more greenness, the rain cannot be retained as it will flow sideways towards the road.

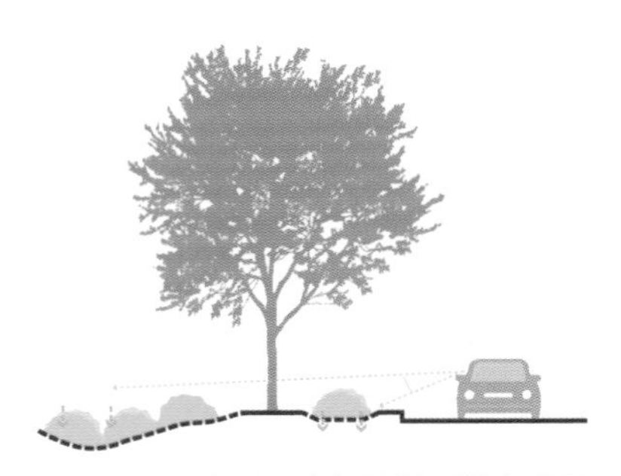

下凹式绿地无法提供司机相同的视觉绿色范围，
但雨水可以直接渗透至地下或滞留于雨水花园

Concave greenbelts cannot offer the same visual effect, however, the rain can directly permeate into the underground or be retained by the rainwater garden.

橡胶沥青是一种运用废旧轮胎材料制造的改性沥青。相比传统沥青，橡胶沥青更加环保耐用，具有更强的抗滑能力，能够降低路面噪音，且有助于路面排水。
Rubber asphalt is a kind of modified asphalt made from waste tires. Compared with traditional asphalt, rubber asphalt is more environmentally friendly, durable and skid-resistant. It can also reduce pavement noise and is conducive to pavement drainage.

绿色技术与材料
Green technologies and materials

- **街道建设应采用绿色的施工工艺和技术。**

Environmental-friendly construction technologies and techniques should be adopted in building streets.

鼓励应用橡胶沥青路面、隔声板等措施降低交通噪声；鼓励能够吸收分解汽车尾气的路面材料；鼓励采用非吸热式地面及铺装技术降低城市热岛效应。道路施工应通过相应措施，降低对周边环境的影响。

- **街道设施鼓励采用耐久、可回收的材料。**

Materials that are durable and recyclable are promoted to be used for street facilities.

选择街道设施材料时，应综合考虑材料的环境耐候性以及材料后期的回收和再利用。鼓励采用木材、钢材和玻璃，通过一定防腐处理或喷涂加工，增强其使用性能。不建议广泛采用环境耐候性较差、难以降解和回收利用的塑料。

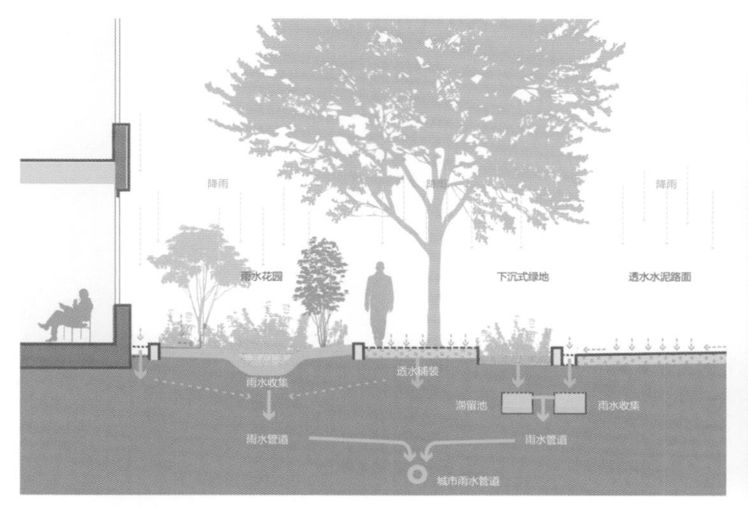

城市街道的生态系统
The ecosystem of urban streets

南京西路：耐久的铺装与座椅
West Nanjing Road: Durable pavement and seats

第六章 活力街道

CHAPTER 6 VIBRANT STREET

目标一：功能复合

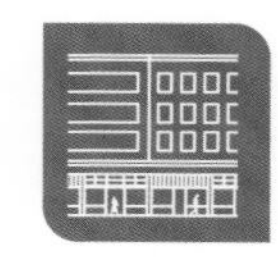

增强沿街功能复合，形成活跃的空间界面。

Objective 1:
Mixed-use functions

Enhance mixed functions along streets to create vibrant space.

功能混合
Mixed-use functions

- **鼓励在街区、街坊和建筑尺度进行土地复合利用，形成水平与垂直功能混合。**

Horizontal and vertical mixed functions are encouraged in district-, block- and building scale.

街区、街坊尺度和地块的功能混合是指相邻街坊和街坊内部的不同地块设置商业、办公、居住、文化、社区服务等不同的使用功能，以及将不同功能设置在建筑的不同部位和不同楼层。

通过多种功能可以在步行便利可达的范围内提供出行目的地，从而提高步行出行比例与街道活动强度。

小地块开发模式有利于促进功能深度复合。对于大尺度街坊和较长的街道，应注重沿街设置不同的功能设施。

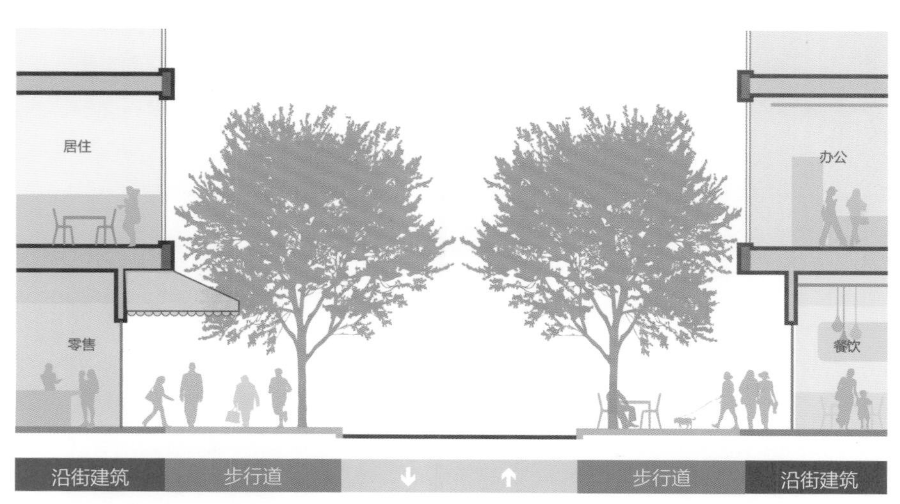

沿街建筑的多样功能激发街道活力
Vitalize the street with diversified buildings along the street

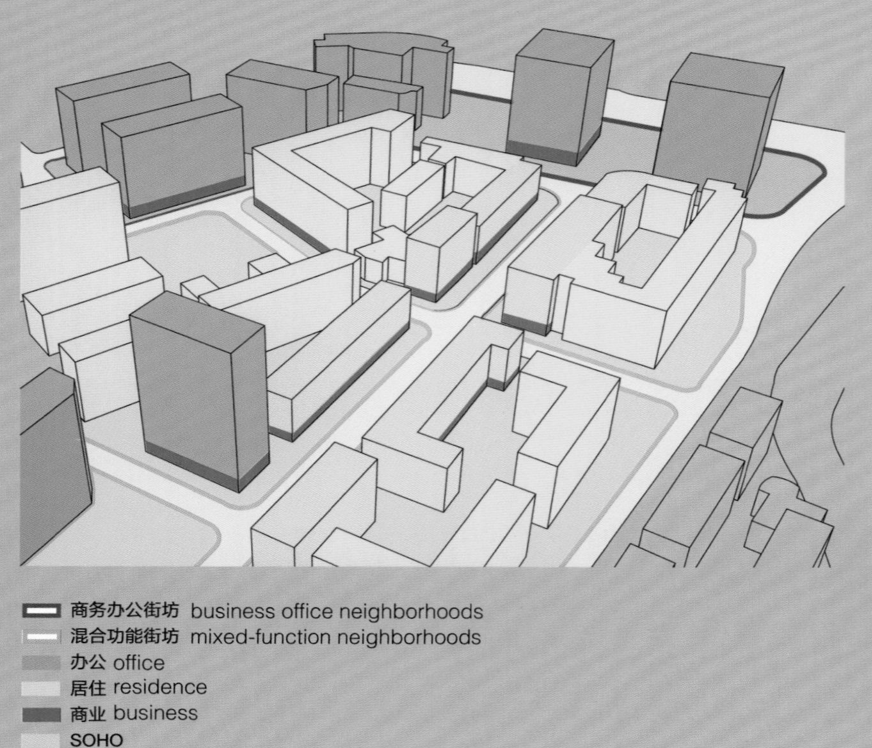

案例分析：
创智坊功能混合利用

Case analysis: Mixed utilization of Kic Village

创智坊是五角场创智天地的组成部分，街区强调工作、学习、居住和生活相融合，注重多层次的功能复合。街区层面，创智坊融合了办公研发、居住生活、商业休闲等不同功能区；街坊层面，采用小地块开发模式，容纳相互促进、协同共生的各类功能；建筑层面，沿街底层引入商业等公共用途，上部空间作为居住或办公使用。创智坊通过深度功能复合提供了适宜步行的社区生活，使街区生活充满活力。

积极界面
Active frontage

■ **商业与生活服务街道的首层应设置积极功能，形成相对连续的积极界面。**

The ground floor of the streets for commercial and life services should have active functions to form a relatively continuous active interface with shop density on one side being over 7 per 100 meters.

积极界面是指建筑连续沿街建造，首层以中小规模餐饮、零售、生活服务、产品展示及公共服务设施为主的空间界面，可以让公众进入，产生必要或偶发性活动，增加人在广场的驻留。与积极界面相邻的退界空间应公共开放。当积极功能较少时，优先布置在街角。

■ **积极界面鼓励尺度与业态多样性。**

Diversity in scale and types of businesses is promoted in the active interface.

鼓励中小规模商业零售、餐饮、文化、社区服务等业态混合搭配。大型商场出入口宜设置于街段两端，中部沿街面宜设置小单元店面。

淮海中路：不同的店面尺度与功能业态
Middle Huaihai Road: Different shop scales and types of businesses

临时性设施 Temporary facilities

■ **非交通性街道在不影响通行需求的前提下，鼓励沿街设置商业、文化等功能的临时性设施。**

Temporary commercial and cultural facilities are encouraged to be set up under the condition that these facilities on non-traffic-oriented streets would not impact traffic.

商业、文化设施是指售货亭等食品、饮料、杂志售卖及信息咨询等设施。相关设施和活动区域可结合设施带、街边广场绿地设置，设置后留出的步行通行区应满足通行需求。应对临时性设施的规模、位置、样式、经营内容与时间等项进行审批和规范。

沿街临时性商铺
Temporary shops along streets

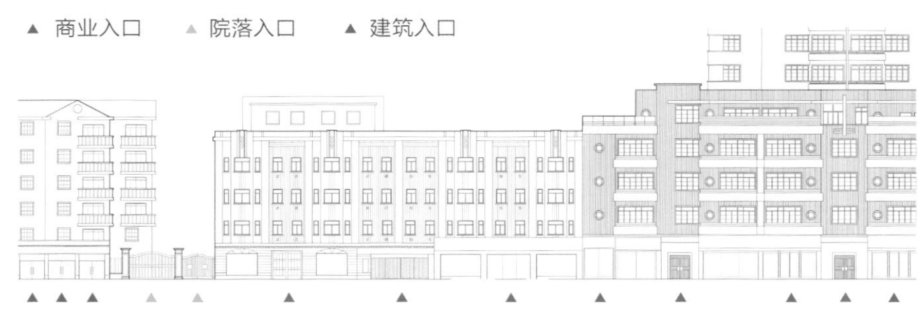

淮海中路（华亭路–东湖路）：50米距离内共26个出入口
Middle Huaihai Road (Huating Road- Donghu Road): 26 entrances and exits in total within a distance of 50 meters

沿街出入口
Entrances and exits along streets

- **商业与生活服务街道鼓励设置密集、连续的人行出入口数量，保障街道活动的连续性。**

  Dense and successive pedestrian entrances and exits are encouraged at commercial streets and life service streets to ensure the continuity of street activities.

  人行出入口包括沿街商业与公共服务设施出入口、建筑主要出入口和地块出入口。商业与生活服务街道每百米出入口数量（两侧合计）建议不少于16个，出入口间距不大于40米。

- **增加不同功能类型的沿街出入口以提升街道活动的多样性和活跃度。**

  Increase the number of entrances and exits along streets of different functions to make street activities more diverse and vibrant.

  临商业街道和生活服务街道的沿街建筑应将住宅单元门之外的其他主要建筑出入口直接临街设置。

- **大型商业综合体沿商业街道应设置中小规模商铺，并设置临街出入口。**

  In large-scale commercial complexes, small and medium-sized shops and entrances and exits along streets should be set up.

  避免将人流过度导入商业综合体内街而影响沿街活动连续性。

淮海中路IAPM沿街商铺
Shops of the IAPM commercial district along Middle Huaihai Road

铜仁路沿街商铺
Shops along Tongren Road

目标二：活动舒适

街道环境舒适、设施便利，适应各类活动需求。

Objective 2: Comfort activity zone

Environmental facilities on streets should be convenient and comfortable to use to meet different activity demands.

街道设施 Street facilities

- **沿路种植行道树，设置建筑挑檐、骑楼、雨篷，为行人和非机动车遮阴挡雨。**

Plant street trees, and set up building cornices, arcade, and awnings to shield the sunlight and keep off the rain for pedestrians and non-motor vehicles.

人行道和主要的非机动车线路上应沿路种植行道树，或利用连续街墙、骑楼等其他设施提供遮阴。主要自行车道宜种植双排行道树。

商业街道、生活服务街道和综合街道鼓励设置建筑挑檐、骑楼、遮阳篷、雨篷等设施，对主要步行区域及其与建筑主要出入口联系路径进行遮蔽。

活动遮阳篷、雨篷最低部分至少距离人行道2.5米，不得超出人行道，净宽不得超出2.5米，下方不得设置立支柱。固定雨篷建议采用透光材料。雨篷下侧距离人行道净高不小于3.5米，出挑宽度不得超出人行道。

利用行道树与建筑挑檐遮阴挡雨

Street trees and building cornices are used to shield the sunlight and keep off the rain.

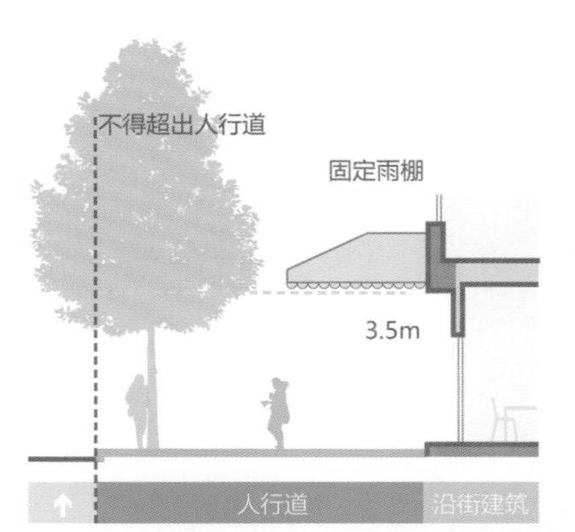

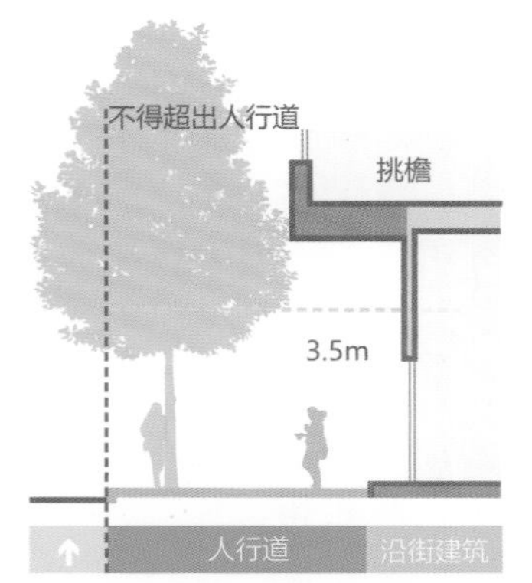

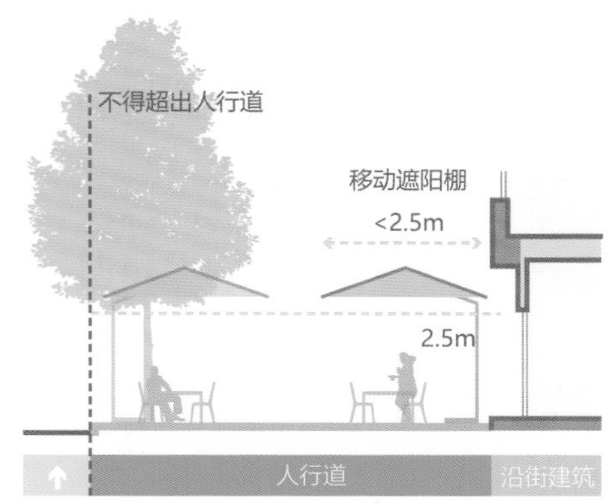

遮蔽设施可采用固定雨棚、建筑挑檐或活动遮阳篷的方式，需保证一定净空高度，并限定在人行道范围之内

Fixed awnings, building cornices or mobile sunshades can be used as sheltering facilities. A certain head room must be maintained for these facilities, which are restricted within sidewalks.

南京西路青海路路口：绿化、座椅及公共艺术相结合的休憩节点
Intersection of West Nanjing Road and Qinghai Road: A resting node integrating greening, seats and public art

- **非交通性街道沿街应设置公共座椅及休憩节点，形成交流场所，鼓励行人驻留。**

  Public seats and resting nodes should be set up along non-traffic-oriented streets to create communication spaces and encourage pedestrians to stay.

  公共活动较为集中的道路，每百米座椅数量应在20个以上。座椅包括正式座位以及可供坐靠的，高度合适的花坛、 台阶、矮墙等。公共座椅宜采用木质材料。

  商业街道与生活服务街道鼓励设置休憩节点，设置固定或移动座椅，进行绿化装饰。休憩节点可结合设施带、绿化带、停车带设置，宽度宜在2米以上，长度宜在5米以上。

- **根据地区功能类型及街道活动需求，提供信息设施等活动设施。**

  Set up facilities such as information-offering ones according to the functions and the needs of the place.

  在道路交叉口、轨道交通出入口等步行交通密集区域鼓励设置公共地图、介绍标识、导向标识、公共钟表等为行人提供各类指引信息的公共标识。景观休闲街道宜设置跑步道与自行车专用骑行道，并提供相应路径指引设施与饮水设施。

沿街信息设施与跑步道
Information-offering facilities and running lanes

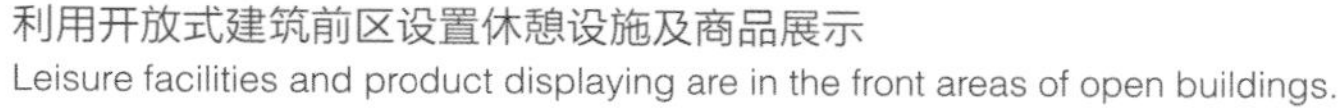

利用开放式建筑前区设置休憩设施及商品展示
Leisure facilities and product displaying are in the front areas of open buildings.

沿街应设置垃圾箱、公共厕所，公共厕所的服务半径不宜大于800米。鼓励结合沿街建筑设置公共厕所。鼓励沿街商业设施及办公机构厕所对外开放。

街道设计中应明确“废物箱、公厕、坐凳、景观照明器具”等城市服务配套设施的配置要求，明确配置形式、风格，并纳入街道设计中。

- **可利用建筑前区设置休憩设施或商业设施。**

The front area of an open building is encouraged to be used for leisure facilities and product displaying.

商业街道、生活服务街道和综合性街道沿街商户利用建筑前区进行临时性室外商品展示、进行绿化装饰、设置公共座椅及餐饮设施，应获得相关部门许可，并保障步行通行需求、满足市容环境卫生要求。应对外摆的面积、位置、内容、时间以及设施品质等内容进行规范。

室外餐饮与商业零售混杂时，鼓励对室外餐饮空间需求较大的沿街商户将餐饮区域结合设施带设置，使步行流线能够接近零售商户的展示橱窗。

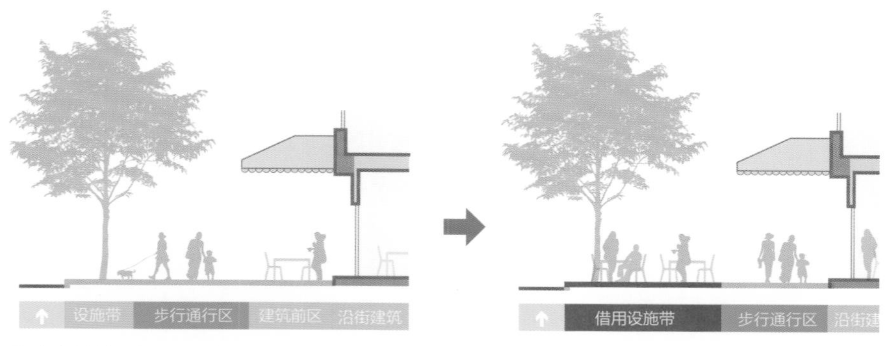

结合建筑前区提供室外餐饮设施
Outdoor dining facilities combined with frontage of building

结合设施带提供室外餐饮设施
Outdoor dining facilities combined with facility belts

■ **地下空间的地面设施设置应与地面空间与设施布局相协调。**

A harmony should be achieved among ground facilities in underground spaces, ground spaces and facility layouts.

应首先保证地面空间与设施设置需求，统筹设置地下空间的地面设施，避免对地面活动造成影响。

活动空间 Activity space

■ **鼓励商业街道与社区服务街道沿街建筑首层、退界空间与人行道保持相同标高，形成开放、连续的室内外活动空间。**

The elevations of the ground floors of commercial streets and community streets for services, setback spaces of architectures and sidewalks should be kept the same to create open and successive spaces for outdoor activities.

避免建筑和街道空间之间的多大的高差变化，带来的空间上的分隔和阻隔。

■ **允许沿街设置商业活动空间。**

Spaces for commercial activities are allowed to be created.

在街道空间允许的情况下，商业街道与生活服务街道沿线可结合设施带、街面微空间设置商业活动区域，增加街道活跃度。规范沿街商业活动区域，避免小贩占路影响交通。

■ **鼓励结合街道空间开展公共艺术活动。**

Public art activities are encouraged to be held when street spaces are also taken into consideration.

可利用街道空间进行临时性艺术展览、街头文艺演出、公共行为艺术活动等，丰富城市文化。

街头文艺演出
Street art shows

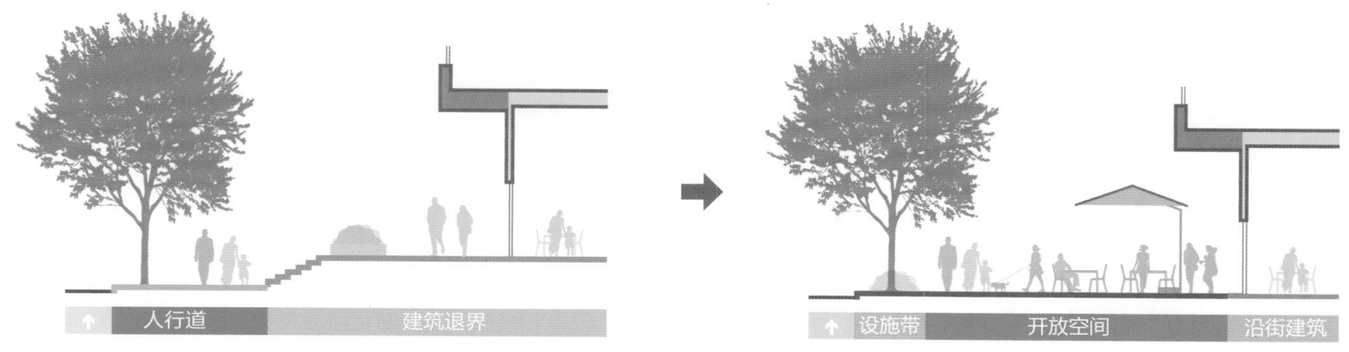

取消退界空间与人行道之间的高差，形成连续的步行活动空间
Remove the height difference between setbacks and sidewalks to form continuous walking spaces.

交通协调
Traffic coordination

■ **慎重设置停车带或少量停车位，满足临时停靠需求。设置停车带及停车位应避免影响步行连续性。**

Parking strips and parking lots should be cautiously set up to meet temporary parking demands. While setting up lay-ups and parking lots, walking continuity should not be affected.

商业街道、生活服务街道和综合性街道，在空间允许的前提下，可提供少量停车位，满足临时停靠需求。停车带不宜双侧设置，可结合停车带形成水平线位偏移。停车带长度超过30米时，宜采用人行道凸起对其进行分隔。可通过收费鼓励短时停靠，提高车位周转率。在协调非机动车与机动车停放需求时，优先保障非机动车停放。

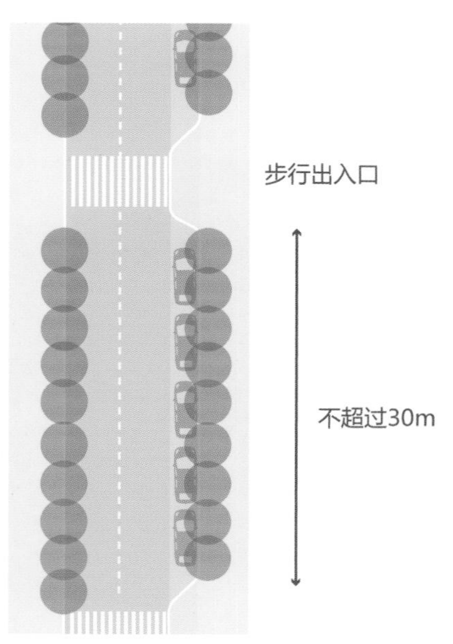

人行道凸起隔断停车带
A cut-off protruding space of a sidewalk for parking strips

结合水平线位偏移设置临时停车带
Temporary parking strips are set up with horizontal position deviation

目标三：空间宜人

街道空间有序、舒适、宜人。

Objective 3: Pleasant space

The street space should be orderly, comfortable and pleasant.

界面有序 Orderly interface

- **街道应通过行道树、沿街建筑和围墙形成有序的空间界面。**

  A spatial interface should be created by streets through street trees, street architectures, and walls.

  鼓励通过在道路两侧整齐的种植行道树，并采用相同的方式进行修剪，形成空间界面的第一层次。街道沿线建筑应注重相互关系，在高度、朝向、界面宽度等方面进行协调，形成空间界面的第二层次。沿街不连续种植行道树时，应当特别注重建筑界面的有序性。

- **通过建筑控制线与贴线率管控，形成与街区功能、街道活动需求相适应的街道空间界面形态，塑造整齐有序或富有节奏和韵律感的空间界面。**

  An orderly or rhythmical interface of the street spaces that is compatible with street functions and activities should be created by controlling building lines and near-line rates.

  商业街道和生活服务街道沿街建筑应贴线建造或平行于街道建造，形成整齐、连续的空间界面。鼓励沿线建筑通过拼接建造，形成连续的空间界面，并在整体上保持

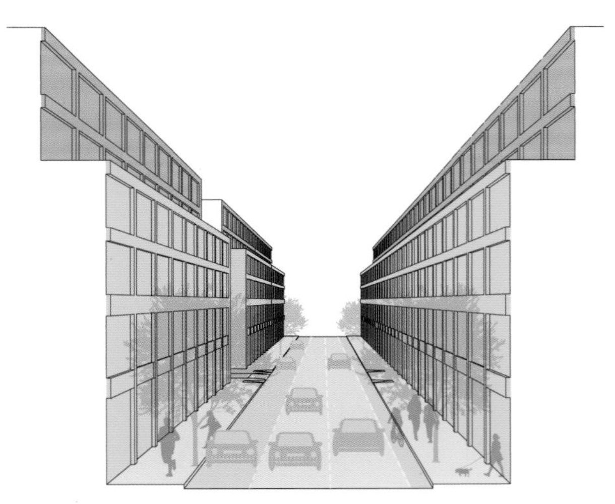

贴线率与建筑控制线管控的有序街道
An orderly street controlled by building lines and near-line rates

思南路街道界面
The street frontage of Si'nan Road

整齐连续，局部变化
Orderly and continuous street frontage with variations at some places

连续而高度富有变化
Continuous street frontage with variations in building heights

富有韵律，底部连续
Rhythmical street frontage with continuous building bottoms

退界尺度的一致性。可通过设置门洞等方式兼顾界面连续程度与地块出入口、消防通道设置要求。

两侧为居住区的南北向生活服务街道，应通过高度不低于9米的裙房形成连续界面；鼓励在相应界面设置办公等对朝向不敏感的功能，将街墙高度提高至12~18米。

景观休闲街道沿线应将主立面朝向街道，形成和谐、有序的空间界面。可参照商业与生活服务街道对沿线建筑进行管控。

案例分析：
世博会展及商务区B片区规划管控

Case analysis: The planning and control of Block B of World Expo Exhibition and Business District

街区形成“低高度、高密度”的建筑形态和“小街坊、密路网”的空间格局，创造连续的适宜步行的环境，营造人性化的街道空间。在城市设计研究的基础上提炼规划控制要素，对城市公共开放空间系统进行管控，以附加图则的形式纳入控规法定文件，作为项目设计和建设的依据。规划中通过建设控制线规定建设窗口，其中沿街道及广场界面贴线率要求达到90%，以塑造连续的街道空间界面。

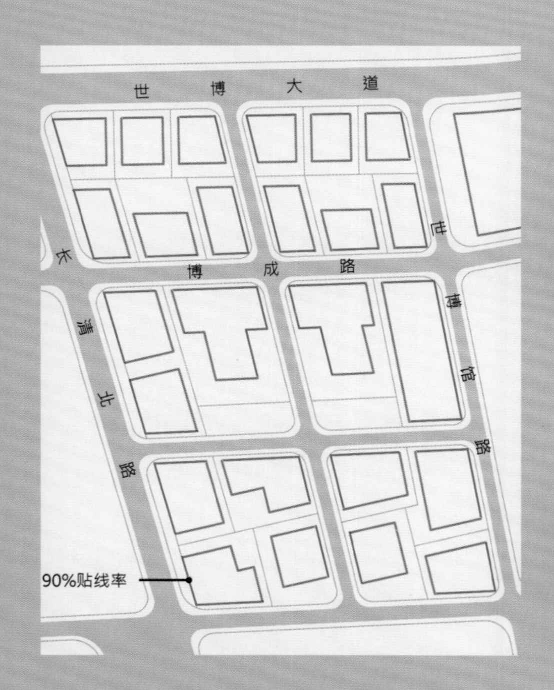

博成路街道界面
The street frontage of Bocheng Road

世博大道街道界面
The street frontage of Century Avenue

外滩旅游服务中心贴道路红线建造，尺度、样式与历史建筑相协调，保持界面的连续与完整
The Bund Tourist Service Center is built by being closely near one red line of the road. Its scale and facade design are compatible with the historical buildings, keeping the continuity and integrity of the interface.

- **历史风貌街道新建建筑应采用与历史建筑的建造方式相协调，延续空间界面特征。**

For architectures to be built on a street with historical features, the way to build these architectures should be coordinated with that of the historical buildings to continue the characteristic of the spatial interface.

历史建筑以贴线建造为主的路段，新建建筑应与历史建筑保持平齐，无特殊理由不得退界建造。可通过底层收进和骑楼等方式提供人流集散空间。历史建筑采用独立建造方式的路段，新建建筑应遵守相应退界要求。历史建筑贴线建造和独立建造混合程度较高的路段，新建建筑应根据相邻建筑情况选择是否贴线建造。

人性化尺度
Human scale

- **街道应保持空间紧凑。支路的街道空间宽度以15~25米为宜，不宜大于30米；次干路的街道界面宽度宜控制在40米以内。**

A street should be compact in space. The street width of a branch is recommended to be 15-25m, not exceeding 30m; for a secondary trunk road, the figure is recommended to be no more than 40m.

街道空间宽度是指临街建筑或围墙等实体空间边界之间的距离。对于沿街建筑采用开放式退界空间的街道而言，界面宽度为红线宽度与两侧退界宽度之和。对于作为商业街道和生活服务街道的次干路与支路，应避免过宽的退界距离。

- **沿街建筑界面形成的街墙应保持人性化的界面高度。**

For the continuous street frontage (street wall), people-oriented frontage height should be encouraged.

街墙檐口高度宜控制在15~24米，最高不宜超过30米，以维持建筑与街道空间的联系。檐口以上部位应按照1.5:1的高退比进行退台，避免对街道形成压迫感。

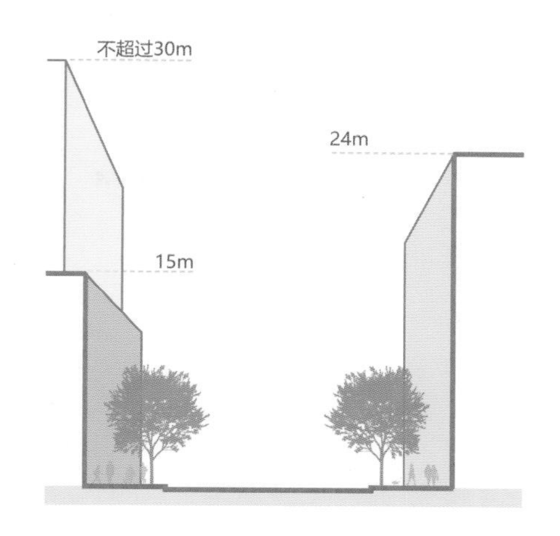

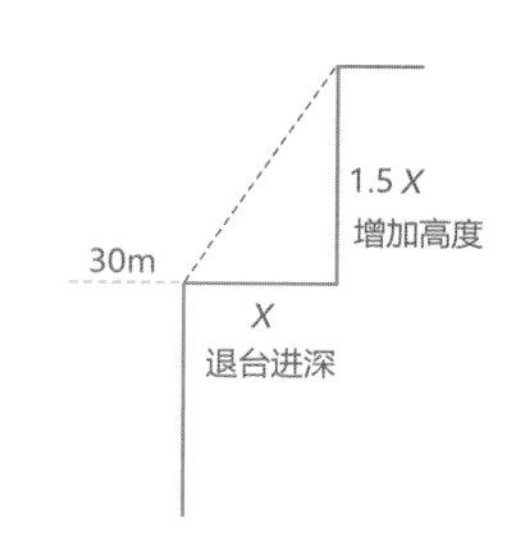

规范高度之上的建筑裙房部分应进行退台以避免对街道的压迫感

For a building annex higher than the standard height, it should be built backwards to avoid a sense of pressure on people.

■ **塑造人性化的街墙尺度与宜人的空间高宽比。**

The street wall scale should be people-oriented and has pleasant depth-to-width space ratio.

一般而言，1.5:1~1:2的高宽比较为宜人；商业街道可适度紧凑，较窄的商业街高宽比可达到3:1；交通性街道和综合性街道两侧可适度开敞，高宽比宜控制在1:1~1:2。

空间多样性
Spatial diversity

■ **新建地区应尊重原有河网水系，形成丰富多样的街道线性。**

For new areas to be built, original river network system should be considered to create rich and diverse street linear.

结合地形、水系形成自然、流畅的街道线形，鼓励低等级道路结合路口进行线形轻度转折。

通过形成弧形街道和设置街道转折，局部闭合街道空间，对步行路径进行分段，增强空间趣味性。

15米街墙高度
The street wall height of 15m

24米街墙高度
The street wall height of 24m

50米街墙高度
The street wall height of 50m

案例分析：

上海市不同街道高宽比分析

Case analysis: Renovation of the landscape and leisure street of Yunjin Road

贵州北路 North Guizhou Road

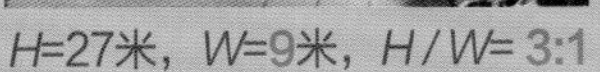

H=27米，W=9米，H/W= 3:1

南京东路 East Nanjing Road

H=35米，W=25米，H/W=1.3:1

雁荡路 Yandang Road

H=20米，W=18米，H/W= 1:1

南京西路 West Nanjing Road

H=24米，W=25米，H/W=1:1

大学路 Daxue Road

H=24米，W=28米，H/W= 1:1.2

南京西路（静安寺）West Nanjing Road (Jing'an Temple)

H=24米，W=40米，H/W= 1:1.6

淞沪路 Songhu Road

H=24米，W=70米，H/W=1:3

- **鼓励形成富有特色的景观休闲街道，提升景观品质，激发休闲活动。**

Landscape and leisure streets of diverse characteristics are encouraged to be built to improve landscape quality and motivate people to do leisure activities.

景观休闲街道可结合水系形成中央分车带，沿线种植整齐、连续的高达乔木，形成林荫大道。街道两侧鼓励形成连续的建筑界面，提供积极的首层功能，沿街设置休憩、餐饮、运动等相应活动设施。

- **街道沿线应设置街边广场绿地，形成休憩节点，丰富空间体验。**

Greenbelts for streets and plazas should be set up along the street to create resting nodes and enrich spatial experiences.

非交通性街道沿线街边绿地广场间距宜在300米以内，用地面积宜在不小于1000平方米，可利用不规则退界形成的街面微空间塑造景观与休憩节点，最小不应小于400平方米，面向街道的面宽不小于8米。

案例分析：
云锦路景观休闲街道改造

Case analysis: Renovation of the landscape and leisure street of Yunjin Road

云锦路是途经徐汇滨江商务区的一条重要的交通干道，道路中段原为龙华机场的跑道。为提升地区景观环境品质与形象，结合道路建设将丰谷路以南道路红线宽度从30米拓宽至34米，增加行道树种植空间，将街道打造成为一条优美的林荫道。路内共种植6排行道树，其中两侧机非隔离带与沿人行道种植四排香樟树，郁郁葱葱，枝繁叶茂；中央结合分车带种植两排高大挺拔的银杏树，及至秋季，银杏树叶子变为金黄色，景色十分怡人。

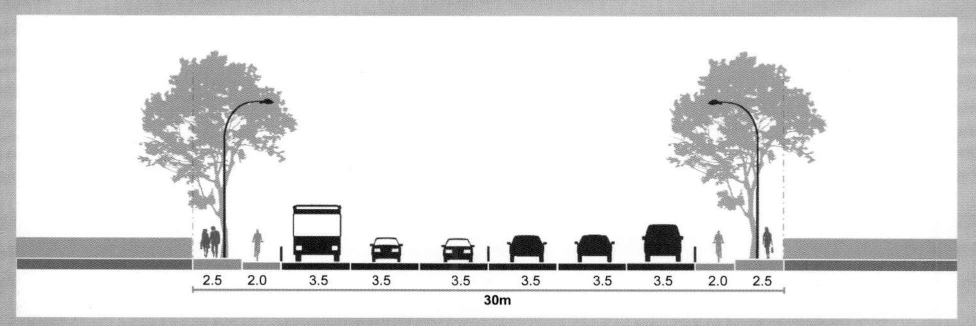

改造前道路断面图
Sectional View Before Transformation

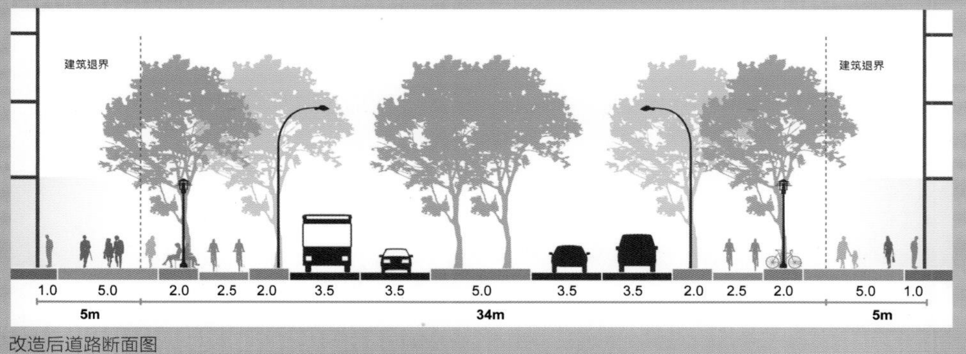

改造后道路断面图
Sectional View After Transformation

永嘉路：通过转折闭合街道空间
Yongjia Road: close up the street space through turnings

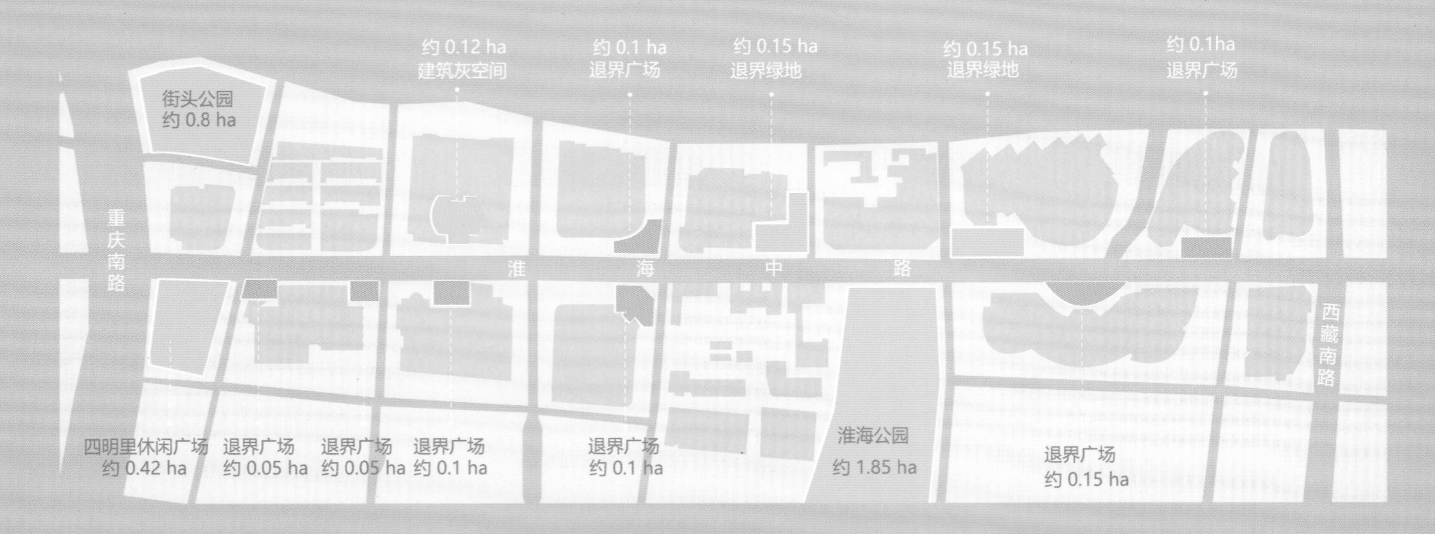

案例分析：

淮海中路街道沿线广场绿地

Case analysis: Squares and parks alone Middle Huaihai Road

淮海中路（西藏南路—重庆南路）串联了若干绿地及利用建筑退界形成的街边广场，形成丰富的空间体验。这些公园广场拓展了街道空间，提供了多样活动的可能。其中街边广场以硬质铺装为主，主要作为大型商场的人流集散空间，并定期举办不同主题的展览或商业活动；公园绿地采用开放式设计，配置休憩座椅、遮阴乔木及照明设施，提供休憩空间。

淮海公园 Huaihai Park

退界广场 Setback Plaza

案例分析：

愚园路街道空间改造

Case analysis: Space renovation of Yuyuan Road

2015—2016年，长宁区对愚园路沿线三个公共空间节点进行了更新改造，使这条街道成为融合艺术、设计、人文与娱乐的快捷生活美学街区。其中长宁区少年宫临街一栋四层建筑在改造后将一层由办公空间置换为一家书店，并对店招和立面细节进行了精细设计。建筑退界空间的绿地中增加了硬质铺地，并设置座椅、种植高大的乔木和点缀花卉，形成市民乐于使用的交流空间与休憩场所，拓展了街道的活动范围，提升了街道的环境品质与活力。

愚园路沿线退界空间
Setback space along Yuyuan Road

目标四：视觉丰富

沿街建筑设计应满足人的视角和步行速度视觉体验需求。

Objective 4: Rich vision experience

The design for the buildings along a street should proceed from people's perspective and meet the needs of the visual experience while walking.

近人区域
Human scale area

■ **沿街建筑底部6~9米以下部位应进行重点设计，提升设计品质。**

Architecture bottoms under the height of 6-9 m should be a design focus to improve design quality.

沿街建筑底部6米（较窄的人行道）至9米（较宽的人行道）是行人能够近距离观察和接触的区域，对行人的视觉体验具有重要的影响。

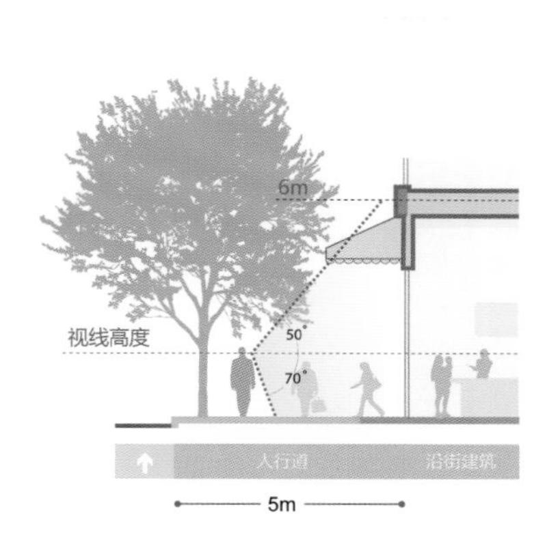

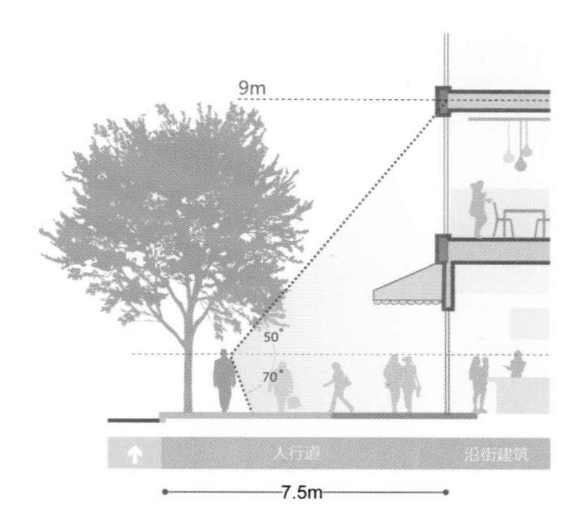

不同人行道宽度下的建筑重点设计区域
Key design areas for buildings with various sidewalk widths

■ **建筑沿街立面底层设计应注重虚实结合，避免大面积实墙与高反光玻璃。**

The design for the bottom of the architecture facades along streets should pay attention to virtual-real synthesis and avoid using large solid walls and high-reflective glasses.

商业街道首层街墙界面最低透明界面应达到界面总面积60%以上，鼓励设置展示橱窗；生活服务街道首层街墙界面最低透明界面应达到界面总面积30%以上。窗户上缘距人行道低于1.5米的地下室窗户，以及窗台距人行道超过1.5米的高窗不予计算。

应避免出现大面积连续单调的高反光玻璃界面和零通透实墙界面，相应界面长度不宜超过50米。纯玻璃界面应采用低反射玻璃；实墙应进行艺术化装饰，或设置显示屏，增强街墙的多样性、复杂性，以及与行人的互动。鼓励玻璃开窗与木材、石材、清水砖、混凝土等纹理和色彩感强的材质进行搭配，塑造界面的纵向和横向韵律感。

Ⅰ类界面 Interface of type I

Ⅱ类界面 Interface of type II

Ⅲ类界面 Interface of type III

Ⅳ类界面 Interface of type IV

透明度计算方法：

透明度=（Ⅰ类界面长度 × 1.25 + Ⅱ类界面长度+Ⅲ类界面长度 × 0.75+ Ⅳ不透实墙x0）

Ⅰ类界面：门面完全打开的开放式店面；

Ⅱ类界面：视线可以直接看到室内的通透式玻璃橱窗；

Ⅲ类界面：设置商品布景的广告式玻璃橱窗；

Ⅳ类界面：室内外的视觉被阻隔的不透实墙（包含不透明平面广告）。

The calculation method for transparency:

transparency = (interface length of type I × 1.25 + interface length of type II + interface length of type III × 0.75 + IV solid wall × 0)

Interface of type I: Open shops with fully open facades

Interface of type II: See-through vitrines through which the inside could be seen from outside;

Interface of type III: Advertisement-like vitrines with arranged commodity sets;

Interface of type IV: Solid walls blocking views from inside and outside (including opaque print advertisements)

■ 沿街围墙宜保持通透、美观。

Enclosure along the street should be transparent and pleasant to the eye.

围墙0.9米以上通透率须达到80%，结合绿化增加视觉深度；院落入口应采用通透式大门；应对实墙进行装饰或垂直绿化。

设置精美的镂空围墙图
A hollowed-out wall with exquisite design

对实墙进行美化
Beautify solid wall

■ **鼓励沿街建筑提供精美、丰富的细节，对建筑入口进行重点设计。**

Architectures along the street are encouraged to provide exquisite and rich details and the entrance to an architecture is a focus in design.

近人区域应通过建筑进深变化、富有质感的立面材质、窗户样式以及细部装饰，创造细腻的光影关系，强化雕塑感，建立建筑与行人之间丰富的视觉交流，使建筑显得充满人性。

各类人行入口应当易于识别，鼓励入口及其他相关建筑元素，如门前台阶、雨篷、门前绿化等，结合周边情况形成凸出与收进，鼓励宽窄入口交替变化，以增加街墙的复杂性和多样性。

入口收进与重点设计
The drawing back and focus design for the entrance

建筑底部的细节与韵律感
The architectural details and rhyme of the street facade

街角与对景
Corners and views

■ **位于街角和道路对景位置的建筑或建筑局部应进行重点设计，强化街道空间的识别性、引导性与美学品质。**

The architecture or the part of the architecture around the corner or being opposite to the street scenery should be a focus in design.

重点设计的方式包括增加相应部位的设计细节和装饰、进行局部檐口高度、材质和色彩变化等方式。

立面设计
Facade design

■ **沿街建筑界面应注重形成丰富的形象，迎合步行速度形成丰富的视觉体验。**

The architectural frontage along the street should pay attention to the creation of rich images to be compatible with the rich visual experience gained during walking.

沿街立面面宽超过60米的大型建筑应通过分段、增加细节等方式化解尺度。

铜仁路：沿街建筑立面精美细节
Tongren Road: the exquisite details on architecture facades alone the street

- **鼓励沿街建筑立面设计形成清晰的纵向和横向立面分段，并保持整体协调。可通过小地块出让的方式，形成多样化的立面样式。**

Clear vertical and horizontal facade segmentation are encouraged to be created in the facade design for architectures along the street and are in harmony as a whole. Diverse facade styles can be realized through the transferring of small land lots.

立面纵向分段的方式包括对立面材质、色彩、划分方式、窗洞样式、窗框装饰、线脚、大型橱窗展示内容等进行变化；横向分段可通过设置腰线、出挑、顶层退后等方式。商业街道与生活服务街道沿街建筑立面设计纵向分段以25~40米为宜，鼓励首层店面进一步细分，针对步行速度增加视觉的丰富性和街道空间的韵律感。保持整体协调的方式包括对齐腰线和檐口，以及采用相似的材质、色彩、立面样式等。

- **不进行纵向分段的大型建筑应通过增加精美的建筑细节化解建筑尺度，在保持整体性的同时增加局部趣味性。**

Large-scale architectures that are not segmented vertically should have more exquisite architectural details to neutralize the scale, thus being more enjoyable at some parts while keeping the wholeness of the architecture.

增加立面细节的方式，包括形成0.3~0.5米的小尺度凸凹变化、强化建筑细部刻画、设置凸窗和阳台等立面元素等。鼓励设置立柱、壁灯等元素强化立面纵向韵律感等。

淮海中路立面（华亭路–东湖路）：立面分段提供迎合步行速度的多样视觉体验
The facade on Middle Huaihai road (Huating Road-Donghu road): the facade are segmented according to the walking speed.

案例分析：
立面分段设计

Case analysis: Facade segmentation design

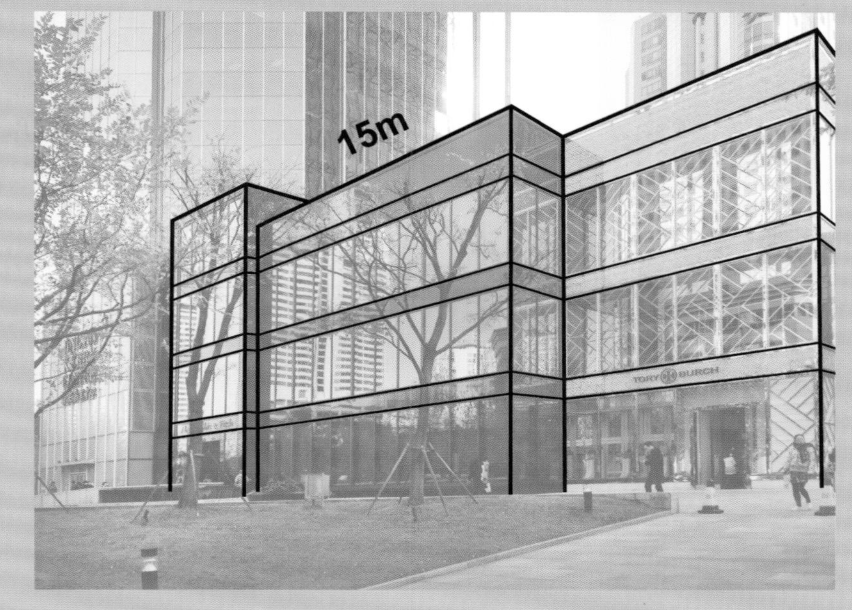

案例一
同样的立面设计采用不同材质、颜色进行演绎，并在空间上形成丰富的进退关系。

案例二
横向上采用经典的三段式划分，顶部和底层向内凹进，檐口保持对齐，中段立面纵向上通过砖纹、百叶、镂空等不同材质与元素进行分段，形成变化统一的立面样式。

案例三
立面平整连续，通过灰色壁框切分为若干大小相似的立面单元，各单元内部运用多样和富有特色的橱窗进行填充，形成丰富的视觉体验。

与建筑融为一体的店招雨棚
Signage and awnings intergrated with street facade

店招广告
Store signs and outdoor advertising

■ **店招与户外广告设施应满足相关规定的基本要求。**

Store signs and outdoor advertising facilities should meet the basic requirements of relevant regulations.

在公共活动中心地区，鼓励通过店招及户外广告展示地区特质；在需要保障公共安全、保护历史风貌、维护生态景观环境的地区，应限制广告设置；其他地区应适当限制广告设置。

店招与户外广告设施的内容、位置、尺度、类型、样式应满足相应规范及专项规划要求，不得妨碍交通秩序、影响街道生活、损害城市风貌或建筑物形象。

■ **商业街道和生活服务街道鼓励对店招及广告进行整体设计，与街道或所在城区风貌相协调。**

Overall designs of store signs and outdoor advertising for commercial and household service streets are encouraged to coordinate with the landscape of the streets or the urban area.

店招可结合遮阳篷、雨篷进行设置，不同形式的店招有助于增加街墙以及人行道上空的多样性和趣味性，将大型建筑化解到人性尺度，形成个性化门面。店招与户外广告设施应具有良好的艺术品质，在尺度、色彩、位置等方面相互协调，处理好与建筑立面元素及细节的相互关系。一般情况下，形式不宜过多与过于繁琐。

表6-1 主要店招类型
Tab.6-1 Major types of store signs

屋顶店招 Roof signs		镂空式 Hollow-out
		非镂空式 Non-hollow out
墙面店招 Wall signs	平行式 Parallel	出檐式、依贴式、牌匾式、出棚式、平行镂空式 Overhanging, clinging, plaque-shaped, shed-based, parallel hollow-out
	垂直式 Vertical	出挑式、旗幡式、垂直镂空式 Projected, banner-shaped and hollow-out
整体造型 Overall appearance		

目标五：风貌塑造

街道空间环境设计注重形成特色，塑造地区特征，展现时代风貌。

Objective 5: Street characteristic

The spatial environment design for a street should have its own features to shape the characteristic of the area and showcase the ethos of the era.

城市形象与地区特征 City image and regional characteristics

- **利用街道展现上海城市形象。**

Showcase the image of Shanghai through streets.

重视街道作为城市形象窗口的作用，强化对于入城要道、主要商业街和景观休闲街道的整体风貌管控，重点加强景观门户节点的塑造。

- **社区主要街道注重形成特色，强化社区认同。**

For main streets of a community, the focus is to form characteristics to strengthen community identity.

社区内主要的街道应注重引入个性化设计元素，形成社区特色。鼓励居民参与相应空间环境设计，强化社区认同。

案例分析：
四平社区街道空间设计

Case analysis: The space design for community streets around Siping Road

四平街道以“崇尚自然的线形社区公共开放空间”为设计理念，对抚顺路、苏家屯路等街道空间进行重新布局整治，使之成为集休闲、健身、娱乐、景观于一体的社区休闲景观街道，成为鞍山新村一道靓丽的风景。

街道定向邀请设计师、建筑师以及大学师生，为街道设计众筹创意，对社区公共空间进行微改造，使整个社区成为创意展厅，通过创意性的街道家具和环境设计体现社区特色，提供温馨的社区生活体验，提升了周边居民的归属感和认同感。

苏家屯路上的鲁班锁
The Luban Lock on Sujiatun Road

抚顺路上的儿童活动设施
Children facilities on Fushun Road

空间景观特色
Spatial landscape characteristics

■ 鼓励沿街建筑采用相似的建筑尺度与相同的布局方式。

Similar scales and layouts are encouraged to the architectures along the streets.

沿街建筑采用相似的建筑高度和建筑退界，以及相同的布局方式，如形成连续的街道界面，或强化沿街建筑的整体识别性。

■ 鼓励对沿线建筑设计进行协调。

Coordination is encouraged to be carried out among the designs for architectures along a street.

沿线建筑采用相似的建筑风格与色彩，通过弱化单体建筑个性来强化街道的整体特征。

■ 鼓励重要的街道采用个性化的断面形式。

Key streets are encouraged to adopt personalized facades.

商业街道与滨水的休闲景观街道可采用非对称断面，形成宽阔的活动空间。可通过在街道中央设置活动带或将水系引入街道中央作为中分带的方式形成街道特色。

■ 注重通过行道树树种与种植方式塑造街道特色。

Pay attention to the types and planning ways of street trees to shape the characteristic of a street.

主要道路通过种植多排高大乔木形成林荫，社区道路鼓励使用色叶树与花木，按照“一街一树”进行种植，强化内部街道的识别性。

世纪大道：展现浦东新区形象

Century Avenue: A showcase of the image of Pudong New District

虹口港：河流水系与街道紧密结合

Hongkou Port: A close integration of river systems and streets

泰晤士小镇：通过建筑风格与空间尺度塑造特色风貌

Thames Town: Characteristics and styles are shaped by architectural styles and spatial scales

碧云社区：国际社区的林荫街道

Green City International: A tree-lined street in the international community

街道公共艺术作品
Art on the streets

环境品质与公共艺术
Environment quality and public art

- **鼓励地面铺装、街道家具与其他环境设施设计艺术化。**

Artistic design for ground pavement, street furniture and other environmental facilities are encouraged.

街道环境设施应注重艺术品质和细节设计，提升街道家具设计品质。重要商业街道与特色街道人行道铺装可作为公共艺术的展示面进行多样化设计。

- **鼓励在街道空间中设置公共艺术作品。**

Public art are encouraged to be set up on the streets.

街道空间鼓励采用雕塑等艺术品进行装点，设置喷泉、灯光装置等设施，从而增强空间环境吸引力。

- **街道设计允许共性和个性有机结合，特定环境设施可采用较为鲜亮的颜色和个性化设计。**

Street design allows for the dynamic integration of generality and individuality. Specific environmental facilities can use bright colors and personalized designs.

同一道路应有统一的设计风格，在特殊路段和个别节点，可进行特殊设计，为街道增加色彩和趣味性，丰富视觉体验。

目标六：历史传承

依托街道传承城市物质空间环境，延续历史特色与人文氛围。

Objective 6: History inheritance

Pass on the urban physical environment via streets to continue historical features and cultural atmosphere.

历史文化街区与历史文化风貌区

Historical districts and historic conservation areas

- **保护城市中风貌完整、传统建筑集中、历史文化遗存丰富的历史文化街区与历史文化风貌区。**

Districts with historical and cultural features and historic conservation areas.

历史文化街区重在保护外观的整体风貌，整体性保护街巷网络和街坊格局，塑造符合地区历史特征的街道氛围。积极改善历史文化街区和历史文化风貌区基础设施和人居环境，激发街区活力，延续街区风貌。

- **保护历史文化街区与历史文化风貌区的历史建筑、城市肌理、空间格局、绿化等历史文化风貌特征的组成要素，延续城市历史文化环境的完整性和原真性。**

Protect districts with historical and cultural features and historic conservation areas that are intact in historic landscape, clustered in traditional architectures and rich in historical and cultural legacies.

不得擅自改变街区空间格局和建筑原有的立面、色彩；除确需建造的建筑附属设施外，不得进行新建、扩建活动，对现有建筑进行改建时，应当保持或者恢复其历史文化风貌；不得擅自新建、扩建道路，对现有道路进行改建时，应当保持或者恢复其原有的道路格局和景观特征。

在历史文化风貌区内设置户外广告、招牌等设施，应当符合历史文化风貌区保护规划的要求，不得破坏建筑空间环境和景观。

外滩历史文化街区

Streets with historical and cultural features along the Bund

延续街道尺度与氛围
Continue the scale and atmosphere of the street

案例分析：
武康路历史风貌街道设计

Case analysis: The design of the historic conservation street of Wukang Road

武康路原名福开森路，是衡复地区一条安静的小路，两侧为花园洋房和许多文化机构，人文历史底蕴深厚。在2007年开始的保护性综合整治中，沿街的历史建筑得到维护和修缮，重现历史面貌。许多建筑师也参与到街道的重塑中来，他们对部分围墙和大门进行重新设计，为街道融入时代的元素，而通过使用历史材质与色彩，这些元素又与历史环境融为一体，使街道的历史风貌得到延续与传承。

沿街围墙修缮与改造
The renovation and transformation of walls along the street

- **历史文化风貌区建设控制范围内进行建设活动应与风貌保护要求相协调。**

The construction within the historical and cultural areas under the scope of the construction control area should be compatible with the protection requirements for the features of these areas.

新建、扩建、改建建筑时，应当在高度、体量、色彩等方面与历史文化风貌相协调；新建、扩建、改建道路时，不得破坏历史文化风貌。

风貌保护道路 Feature-protected roads

■ **协调历史文化风貌区保护与城市道路交通建设，为历史文化风貌区的功能完善、品质提升、环境改善提供基础。**

Coordinate the protection of historic conservation areas and the building of city roads for traffic to provide foundation for function perfection, quality enhancement, and environment improvement for historic conservation areas.

上海中心城12个风貌保护区内被保护的道路和街巷共计144条。风貌区内的道路应与风貌区建筑及空间的风格特色相协调，保护历史形成的道路格局和尺度。保持各级道路合理的级配、形成疏密有序的网络，发挥整个路网最佳的疏散交通能力。

■ **统筹对风貌保护道路的物质性要素和非物质性要素进行保护。**

Make overall plan of and protect the tangible and non-tangible elements of a feature-protected road.

物质性要素（有形要素）主要包括道路沿线的保护建筑和保留历史建筑、庭院、绿化、围墙等，以及道路内的行道树、路面铺砌、街道家具等，还有整体路网格局、道路宽度和尺度（街道高宽比）、街道界面形式、道路线形变化、天际线等空间要素。

非物质性要素（无形要素）主要包括富有特色或体现历史意义、特定功能的路名，以及曾发生过重要历史事件的路段、场所，还有道路承载的历史上具有一定知名度的某种功能和特色行业的集聚等。

■ **风貌保护道路应维持、恢复历史红线宽度与空间尺度。**

For a feature-protected road, its historical width of the boundaries lines and spatial scale should be maintained and restored.

64条道路进行原汁原味的整体保护，道路红线不再拓宽，街道两侧的建筑风格、尺度保持历史原貌。

其他风貌道路鼓励结合交通组织研究，保持现状空间尺度，恢复历史上的道路红线宽度。规划道路红线可以根据沿街优秀历史建筑、保留历史建筑位置、交通、行道树、绿化等因素予以适当调整。

历史道路 Historical roads

■ **城市建成区历史道路改建时，应发掘、尊重与彰显道路与地区历史空间特征与人文特质。**

For the reconstruction of a historical road in urban built-up area, its historical spatial features and cultural characteristics should be explored, respected, and manifested.

历史风貌区的一般道路、沿线历史建筑较多的道路、以及能够代表上海特定发展时期或特定地区特征的道路，改扩建时应在保护历史建筑的前提下，慎重对街道空间尺度进行调整，保护、修缮和恢复富有特色的沿街建筑与景观环境设施，新建建筑的尺度、样式、色彩应与历史风貌特征相协调，增加能够彰显街道人文历史风貌特征的景观。

富有韵律感的街道界面
A Street frontage rich in rhymes

沿街富有特色的建筑风貌与文化景观
Characteristic architectural style and cultural landscape along a street

步行友好的街道空间
A pedestrian-friendly street space

案例分析：
多伦路文化名人街

Case analysis: Cultural Celebrities Street of Duolun Road

多伦路街区位于虹口区北部地区，拥有大批近代优秀建筑、名人寓所、革命遗址和历史遗迹，是上海一个多世纪以来的历史印迹和文化缩影。1998年，政府以文化、旅游为主线，对550米的临街空间进行街景界面的装饰设计，在路面及环境整治、修缮历史建筑的基础上，重视恢复“公啡咖啡馆”“内山书店”等人文景观，塑造多层次的城市开放空间，引入旅游、文化博览、商业、休闲等多元功能，赋予街道新的城市活力。

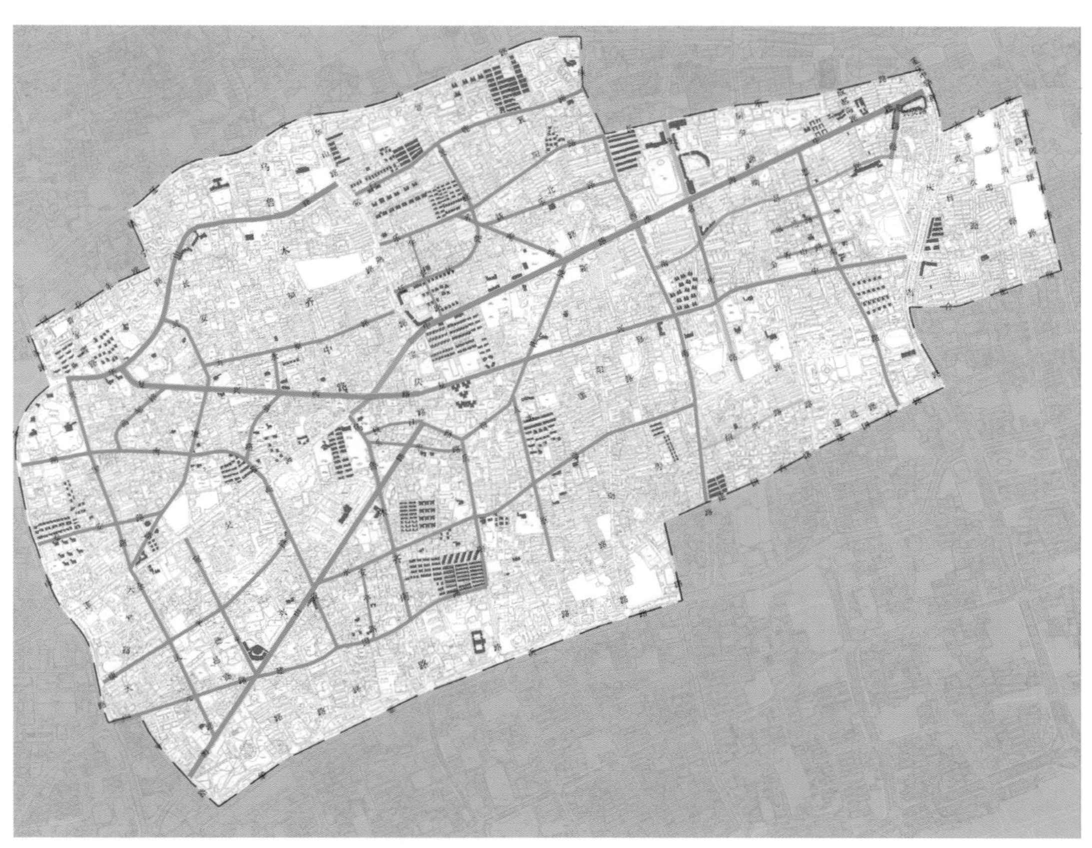

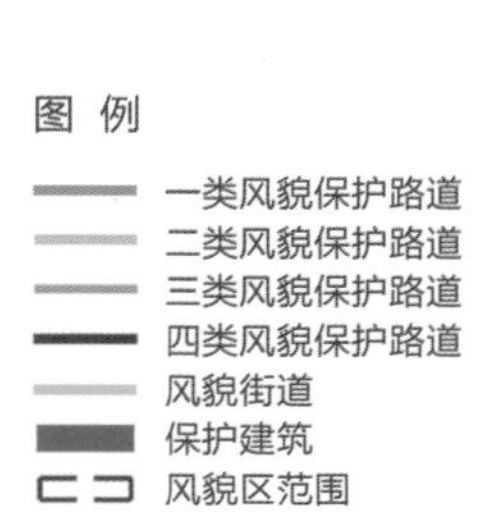

衡山路—复兴路历史文化风貌区风貌保护道路规划
Road planning for the area of Hengshan Road - Fuxing Road with historical and cultural features

第七章 智慧街道

CHAPTER 7 SMART STREET

目标一：设施整合

智能集约改造街道空间，智慧整合更新街道设施。

Objective 1: Facility integration

Transform street spaces in a smart and intensive way, and integrate and update street facilities in an intelligent way.

智能设施
Smart facilities

- **控制智能设施占地面积，引导街道智慧管理。**

Control the area covered by smart facilities, and guide the smart management over streets.

优先保证道路基本功能，将智能设施占人行道面积比重在20%以下。

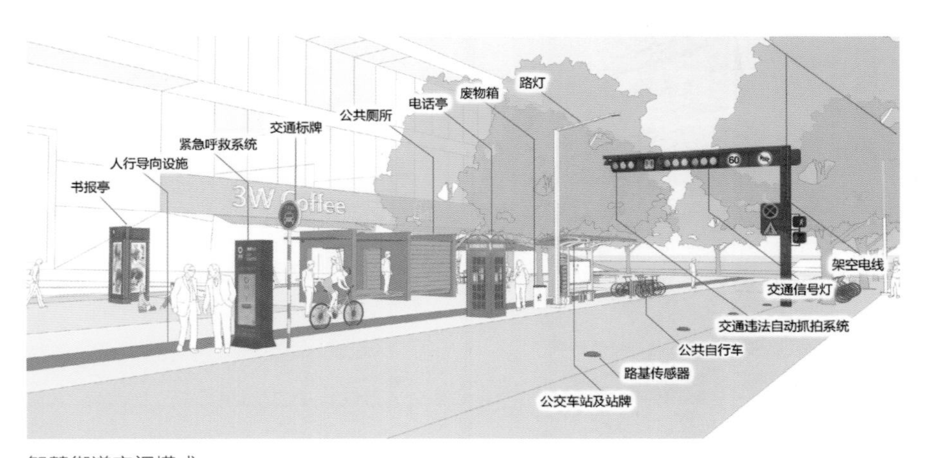

智慧街道空间模式
The spatial pattern for a smart street

- **鼓励现有设施进行智能改造，提升城市服务水平。**

Encourage the smart transformation on existing facilities to improve urban services.

对于公共电话亭、书报亭、公交车站、废物箱、井盖等现有的街道设施进行设施改造，改造率应达到60%。

居住社区鼓励应用感应式人行道路灯，对移动的行人提供有针对性的照明，没有行人通过时保持熄灭状态，节约能源与避免光污染。

- **鼓励沿街界面智能化，促进城市立面与智能设施整合。**

Encourage the frontage along the street to be smart to facilitate the integration of urban facades and smart facilities

提升街道立面整体智能水平，智能设施界面附着率应达到60%。

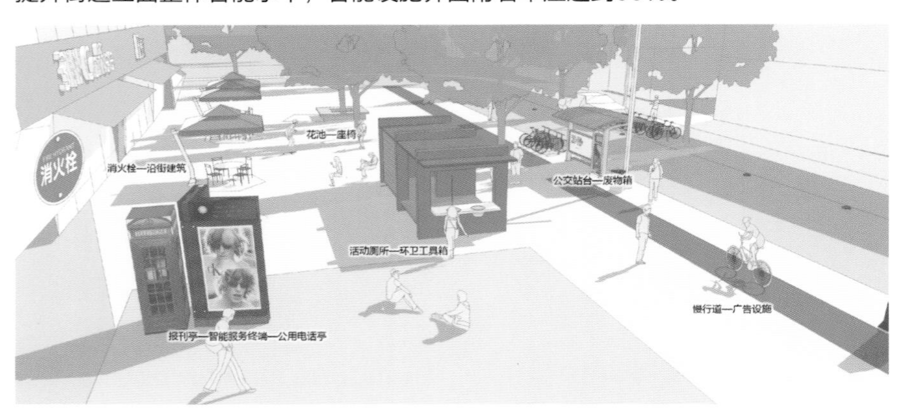

市政设施与街道家具的集约整合
Intensive integration of public utilities and street fixtures

设施集约设置 Intensive facility arrangement

- **集约设置沿街市政设施和街道家具，使街面整洁。**

Set up public facilities and street furniture along a street in an intensive way to make the street clean and orderly.

设施带按照集约、美观的原则，对公共标识、电信箱、路灯、座椅、废物箱等市政设施和街道家具进行集中布局，减少商业广告设施，鼓励采用“一杆多用、一箱多用”等方式对附属功能设施进行整合，使交通信号一目了然。

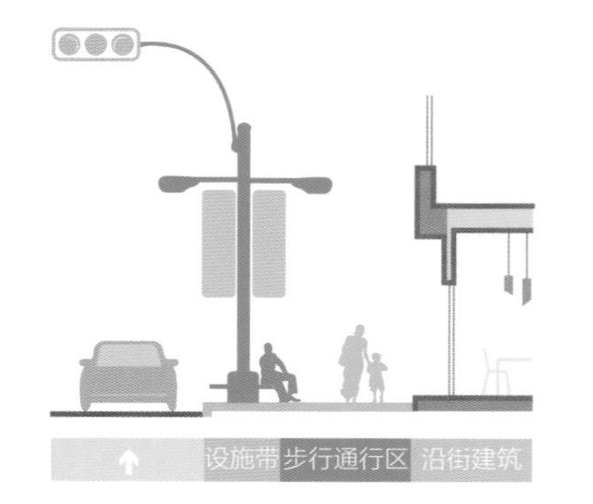

“一杆多用途”对附属功能设施进行整合
Integrate supporting facilities

表7-1 集约设置市政设施与街道家具
Tab.7-1 Intensive facility and street furniture arrangement

可通过一杆多用进行归并的设施	街牌、路灯、交通信号灯、交通闭路电视监控系统、交通违法自动抓拍系统、公共安全视频监控系统前端与监控区域标志、交通标牌、人行导向设施、信息牌、紧急呼救系统
可通过一箱多用进行归并的设施	变电箱、电信箱、配电与变电设施
可以归并结合的设施	花池–座椅、公交站牌–废物箱、活动厕所–环卫工具房、报刊亭–智能服务终端–公用电话亭、信筒–信息牌、消火栓–沿街建筑

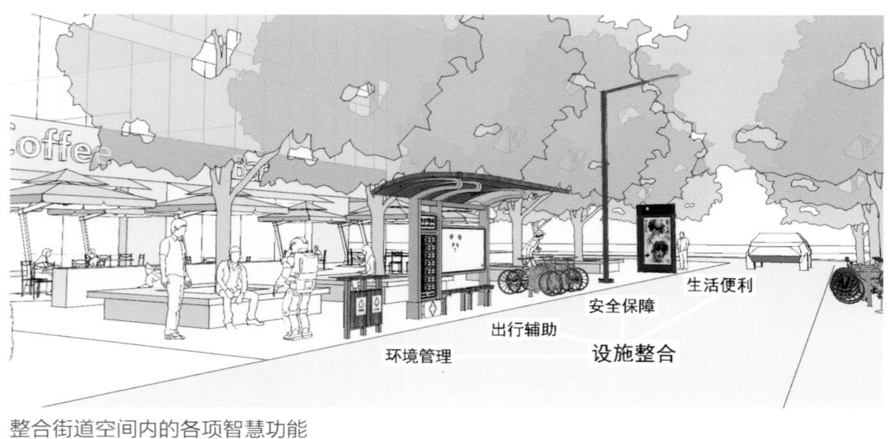

整合街道空间内的各项智慧功能
Integrate the smart functions in street spaces

表7-2 上海智慧街道
Tab7-2 Shanghai's practice of smart street

闵行区欧风花都	上海首个智慧社区，以IPTV为主要途径来建设智慧社区，其中包括闵行频道、智慧医疗、智慧教育、智慧助老、智慧交通等多个项目
浦东新区碧云社区	通过“智慧碧云”社区综合服务平台和“碧云大管家”，让居民可以了解到最新的社区新闻、社区活动预告、政府办事指南、周边商户动态、每日蔬菜价格等日常生活实用信息
嘉定区安亭新镇	打造一个生活服务更便捷、生活环境更优美、生活状态更和谐的人文、经济、智能、宜居的新型生态社区。其中智慧健康监护系统、智慧家居系统、定位监护服务、三麦防盗远程抄送系统、智慧文体场馆预定系统是目前的主要特色项目
浦东新区智慧外滩	整合外滩周边各类资源，运用先进的信息处理技术及网络通信技术，服务外滩的金融机构、商户及旅游者，使外滩金融聚集带成为新理念、新技术、新产品的集中展示区
徐汇区华泾镇	在“智慧华泾—华泾社区公共服务平台”建设过程中侧重社区文化教育特色应用，从社区居民的角度出发，提供网上课堂、信息发布、预约服务、互动交流等互动性强、实用性高、体验感强的社会文化教育服务内容，丰富了社区居民文化生活，提高居民的感知度和体验度
杨浦区新江湾城	完成三大智慧项目建设：一是“智慧居家”项目，其中包括安装宝盒速递、集付通、IPTV综合服务平台；二是智慧公交项目，启用了1201路公交电子站牌；三是智慧城管，为城管车辆安装车载视屏传输控制系统、智慧执法系统等
金山区枫泾镇	以智慧旅游为重点领域：一是整个城区做到光纤到户、百兆能力全覆盖、移动通信网络全覆盖、景区WiFi全覆盖；二是深化智慧旅游信息化应用，枫泾旅游网完善网上订票、预约功能，拓展景区门票、特产的电子商务销售渠道；三是打造I-Travel金山手机智能导航系统APP
黄浦区五里桥街道	着力推进“联系服务一本通”为民服务系统、“党员e家”信息系统和居民诉求收集处理反馈三大信息系统的建设和深入

- **鼓励架空线入地，减少“黑色污染”，促进街道容貌整洁有序。**

  Overhead line undergroudization is encouraged to reduce “black pollution” and ensure the neat and orderly street appearance.

  结合城市道路扩建、改建、大修工程，实施沿途架空线入地改造，并及时清除废弃的架空线或架空线杆架。

福州路江西中路路口架空线
Overhead lines of Middle Jiangxi Road and Fuzhou Road

目标二：出行辅助

普及智能公交、智能慢行，促进智慧出行，协调停车供需。

Objective 2: Transport aid

Popularize smart public transport system and non-motorized transport, facilitate smart traveling, and coordinate parking supply and demands.

- **提升交通信号灯智能化水平。**

  Improve the smartness of traffic lights.

  在车流量较大的路口设置智能交通灯，形成绿波交通带。结合重要的公交走廊建立公交专用信号系统，保障公交车辆优先通行。

- **提供具有时效性的公交信息发布。**

  Offer time-efficient public transport information.

  公交站牌电子化率应达到100%，提供下班车到达时间等相关信息。可结合智能车站提供多媒体发布、乘客投诉等。

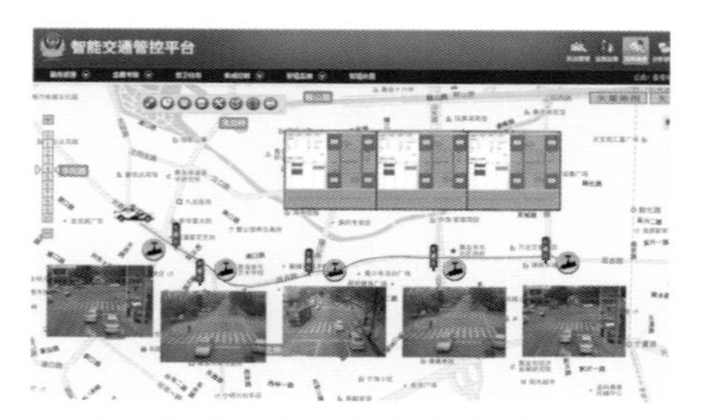

HiATMP智能化城市交通综合管控平台
The smart city's comprehensive traffic control platform of HiATMP

智慧公交车站
Smart bus stations

- **公共自行车租赁点提供周边租赁点信息及预约服务。**

  Public bike rental station offer information on nearby rental stations and reservation services.

  自行车租赁者可通过终端了解周边租赁点的位置、可借出车辆及可供还车的空位数量等信息，并可对借、还车进行预约。

上海五角场“微枢纽”
The “Micro Hub” in Shanghai's Wujiaochang

智能出租车站设计方案
Smart taxi station

案例分析：

上海摩拜单车

Case analysis: Shanghai Mobike

摩拜（mobike）是全球第一个无桩自行车共享平台，让用户方便的租借/归还自行车，用人人可负担得起的价格（每公里0.2~0.3元），完成健康环保的短途出行。具体操作方式非常简单，人们可以在App里看到自己附近的单车分布，并且找到离自己最近的单车。通过扫描车身二维码打开车锁，到达目的地以后停在政府规定的白线停车区域，手动关锁就会自动结算计费。摩拜（mobike）希望用科技的手段，用人人支付得起的成本，让更多城市里的人类用自行车出行，并且提高一辆自行车的使用率，提高人们使用自行车出行的便捷性。人们不需要去指定的地点办卡，付费，也不再需要去指定站点停车还车。同时，摩拜（mobike）也在城市服务领域进行纵深探索，与研究机构合作，通过挖掘单车数据分析城市街道对于慢行交通的契合度，从而推演空间改造设计方案。

扫码取车
Scan the QR code to pick up a bike

查询附近车辆
Inquiry nearby bikes

- **沿街提供综合交通信息发布与查询终端。**

  Offer comprehensive traffic information releasing and inquiry terminals along streets.

  通过终端可对各类出行相关信息进行查询，降低对手机APP的依赖，使没有手机的街道使用者也可以获取相应服务。

- **智能停车协调供需矛盾。**

  Smart parking coordinates the conflicts between supply and demand.

  普及全市范围内的路边停车位管理查询系统，智慧城市停车诱导系统覆盖率(指安装停车诱导系统的停车场在城市所有停车场中的比例)应达到80%，在停车位供需矛盾较大的地区，可设置停车位感应系统。

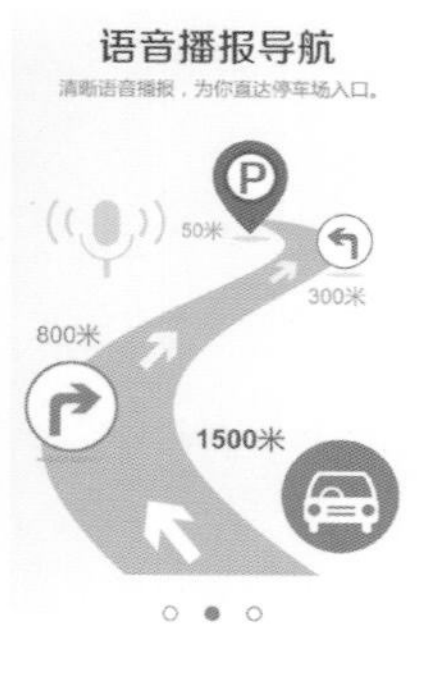

“无忧停车”手机App平台
The cell phone APP platform of “51 Park”

目标三：智能监控

实现街道监控设施全覆盖、呼救设施定点化，提高安全信息传播的有效性。

Objective 3: Smart monitoring

Full coverage street monitoring facilities and the fixed emergency alarm facilities should be in place to improve the effectiveness of the spreading of security information.

- **监控分析智能化维护城市安全。**

  By smart monitoring analyses, safeguard urban safety and security.

  普及视频监控设备及音频监控设备，实现街道监控范围全覆盖，监控摄像头覆盖率应达到100%；普及自然灾害预警系统，自然灾害预警系统覆盖率应达到80%；建议相关部门建设智能分析平台，分析终端提供的数据并自动识别特殊情况，提升安防服务水平。

- **安全设施智能化关注弱势需求。**

  By smart safety facilities, pay attention to the needs of the underprivileged.

  普及针对行动不便人群（如老人、残疾人、儿童）的通行安全设施，例如在十字路口提供信号灯声音提示，便于盲人和弱视群体过街，相应设施覆盖率应达到80%。在交叉口行人过街处设置红外感应提示装置，设施覆盖率应达到60%。建议在事件易发地点设置街道呼救设施，宜与路灯、信号灯等街道设施相结合。

- **电子预警实时化辅助治安防范。**

  By electronic information to give early warnings, assist public security maintaining.

  建议在人群聚集场所设置电子信息屏，促进安防预警信息和治安防范常识的实时发布。

社区电子信息屏

An electronic information screen of the communatiy

案例分析：

大沽路上的“智慧路灯”杆

Case analysis: A“smart street lamp” on Dagu Road

路灯不但采用了节能照明技术，还综合了一系列智慧功能，包括：WIFI免费上网、电动车充电、公共广播、PM2.5检测、24小时探头联网等。与普通路灯相比，智慧路灯的灯杆更粗，在底部和上部结构增加了新设备。电动汽车充电桩位于路灯底座，车主用手机扫描充电桩二维码，并安装相关APP后，将汽车与路灯连接即可充电。路灯杆朝人行道一侧还安装了一个显示屏，配有呼叫按钮，人们可以一键呼叫寻求帮助，也可通过轻点屏幕查询周边道路交通、商业、餐饮等信息。

案例分析：

同济大学的”平安校园“建设

Case analysis：Peace Garden in Tongji University

同济大学开展“平安校园”的安防建设中，结合第三方服务公司的校园视频监控系统，积极构建“数字化、高清化、智能化、网络化”的技防管理体系。校园视频监控系统主要涉及校区的校园周界、校园出入口、校区主要路口，在集体宿舍、教学楼、图书馆等人员密集场所做到视频监控布点的全覆盖。系统实现高清图像视频监控，对每个进入校园的人员至少有一次正面的特写，画面质量达到高清画质。

目标四：交互便利

设置信息交互系统，促进街道智慧转型。

Objective 4: Convenient information interaction

Establish information exchange system, and facilitate the smart transformation of streets.

- **发布交互信息提升公共服务。**
  Release exchanged information to improve public services.

  设置交互式信息系统，提供生活、服务、商业、医疗等信息，政府公务和全程电子监察率应达到80%，信息发布面板可结合广告位设置。

- **提供交互服务形成开放平台。**
  Provide interactive services to form an open platform.

  设置交互式服务系统，在街道重要节点定点设置，鼓励自助零售、休憩娱乐、充电桩位等服务，社区多媒体公共服务设施覆盖率应达到80%。

上海市东方书报亭提供WI-FI、自助缴费、代收快递等服务

The Oriental news-stands in Shanghai offer services such as WI-FI, self-service payment, and courier collection service.

- **营造交互艺术出发空间活动。**
  Create a space for interactive art.

  在街道重要开放空间节点设置智慧公共艺术装置，扩展声音、图像、气味、触觉等传播媒介。

案例分析：上海公厕指南APP

Case analysis: A cell phone APP for Shanghai Public Toilets

2013年，推出了“上海公厕指南APP”，该软件利用智能手机的特点以及GPS地图定位技术，将上海市近7000座免费开放的公厕位置及公厕内的详细情况推送给手机用户，用户能够通过屏幕显示出来的附近所有的公厕标识，清楚知道路程距离和公厕内的环境状况。用户通过文字列表及地图两种模式，由近及远地获取到身边公厕位置，并可根据APP提供的GPS指引路线，前往最近的公厕。

目标五：环境智理

加强街道环境检测保护，促进智能感应并降低能耗。

Objective 5: Smart environmental stewardship

Strengthen environment monitoring and protection for streets, facilitate the installation of smart sensors and reduce energy consumption.

■ 通过智能环境监控提升街道环境水平。

Improve street environment through smart environmental monitoring.

普及设置环境检测传感器，对沿街噪声、空气质量、温度进行实时检测。环境监测器覆盖率、重点污染源监控比例、水质监测率均应达到80%。

■ 智能环保设施融入环卫系统。

Smart environmentally protective facilities are integrated into the sanitation system.

在沿街人流密集处设置智能感应环卫设施，相应地区覆盖率应达到40%；监测数据应通过分析平台与交通、安防数据整合，提升数据挖掘效益。

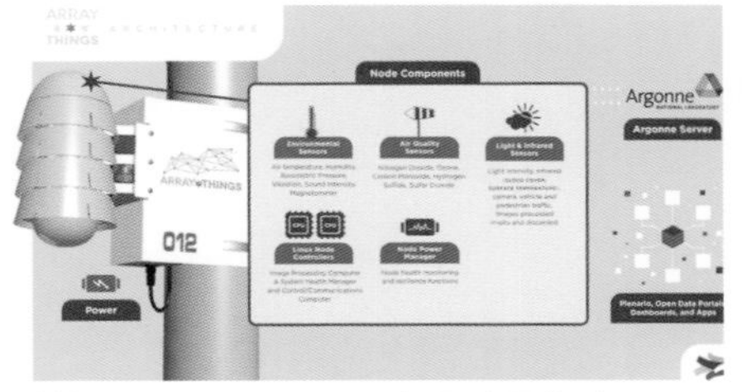

芝加哥Array of Things灯罩内置传感器

The built-in sensor in the lampshade of Array of Things in Chicago

感知地面湿度以实现自动灌溉

The humidity-perceiving ground allows for automatic irrigation

■ 智能照明绿化引导节能减排。

Smart lighting and greening guide energy conservation and emission reduction.

街道照明系统建议采用定时、光电控制、人流自动感应等控制功能，路灯智能化比例应达到60%；建议对街道绿化进行监测，根据湿度对灌溉时间和水量进行智能调节，实现动态管理。

案例分析：

英国太阳能智慧废物箱

Case analysis: Intelligent solar waste bin made in Britain

英国莫顿市使用BigBelly Solar公司开发的一款太阳能智慧废物箱。这款废物箱可以进行垃圾压缩，其能源完全取自太阳能，并且设有垃圾装满自动提醒功能，在垃圾达到85%时发送短信通知相关人员进行排空。此款废物箱的设计有效降低经常性的人力巡视并避免垃圾过量的情况，使垃圾车出勤频率减少，既降低了垃圾车的燃料消耗量，也减少了运输途中碳化物的排放量。

3

设计与实施
DESIGN AND IMPLEMENTATION

第八章 CHAPTER 8
街道与街区
STREETS AND DISTRICTS

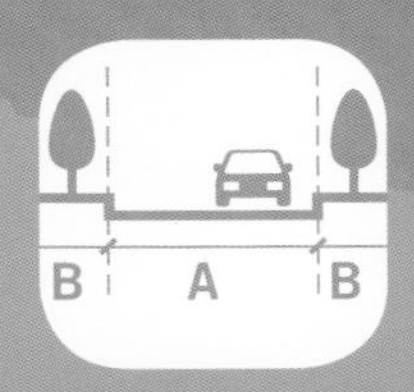

第九章 CHAPTER 9
街道设计
STREET DESIGN

第十章 CHAPTER 10
实施策略
IMPLEMENTATION STRATEGY

第八章 街道与街区

CHAPTER 8 STREETS AND DISTRICTS

街道沿线的交通和活动需求与街区有着密切的联系。街区为街道提供了厚度，可以形成舒适的步行与骑行路径，提供日常生活所需的设施与服务，并以此提升慢行交通比例，使街区的居民和工作者可以享受到便捷的社区生活。开放式街区可以承载更高的活动强度、提供更多的就业岗位和促进更多的生活消费，街道得以成为促进街区发展的重要元素。

The traffic and activity needs along a street is closely linked to the district where the street is located. The district thickens the street, thus forming comfortable walking and cycling paths, and providing facilities and services for daily life. The ratio of non-motorized transport is also increased, allowing residents and working people in the district to enjoy convenient community life. An open district can bear more intense activities, provide more jobs and facilitate people to consume more for life. A street, therefore, has become an important element in promoting the development of a district.

1. 街道网络

Street network

合理的路网结构与密度，是街道充分发挥作用的前提。高密度路网具有更高的服务能力和适应性。上海当前路网密度整体偏低，在新建地区应确定合理的路网结构，形成高密度路网。以更新改造为主的建成地区，应调整路网结构和道路尺度。新建和更新改造地区都应把优化和改善慢行交通作为主要任务。

机动车网络 Motor vehicle network

机动车网络是指由将机动车交通作为主要服务对象的主、次干路和交通支路共同组成的城市道路网络。窄马路、高密度的路网格局有利于促进交通均衡分布，为交通组织留有弹性空间。

一般而言，在商业活动强度高、土地利用混杂度高及公共交通便利的中心城区，宜将机动车网络提高到8~12公里/平方公里左右，而功能相对单一，开发强度不高的街区也应保证机动车路网密度在7公里/平方公里以上。轨道交通站点较为密集的地区，在保证慢行网络密度的前提下，可适度降低机动车网络密度。

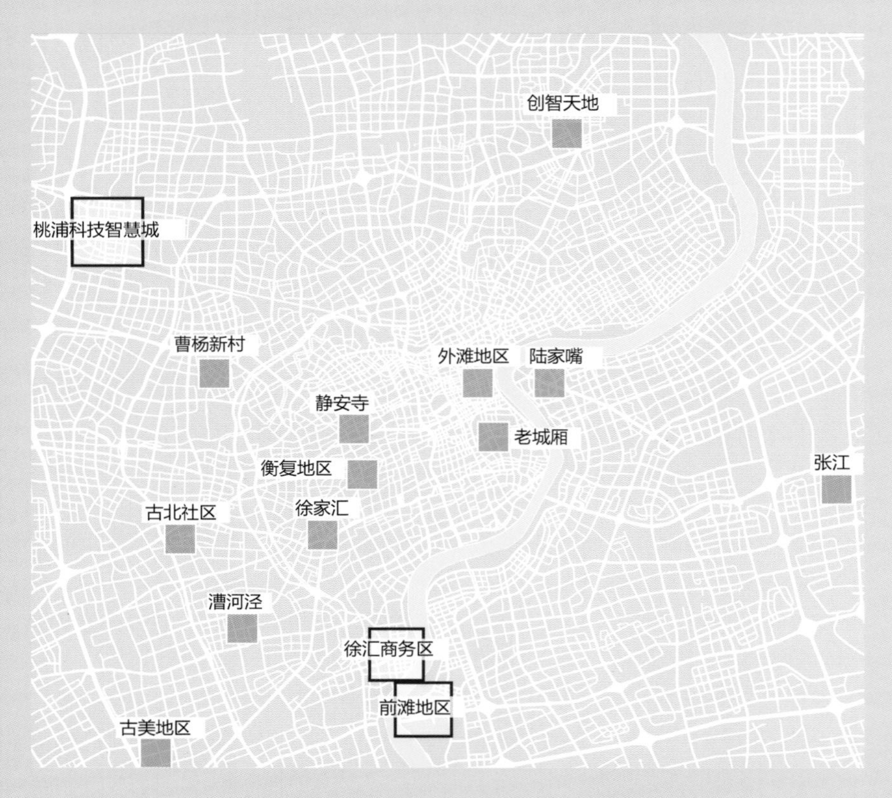

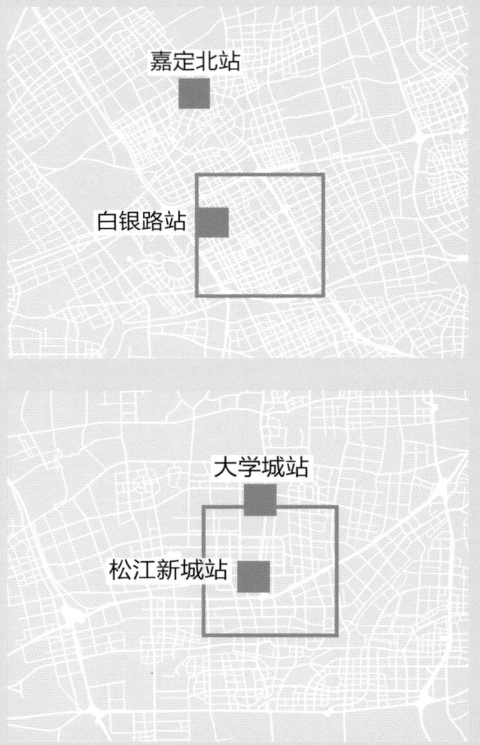

案例分析：

上海市政道路路网密度统计

Case analysis: Statistics of the density of municipal road network of Shanghai

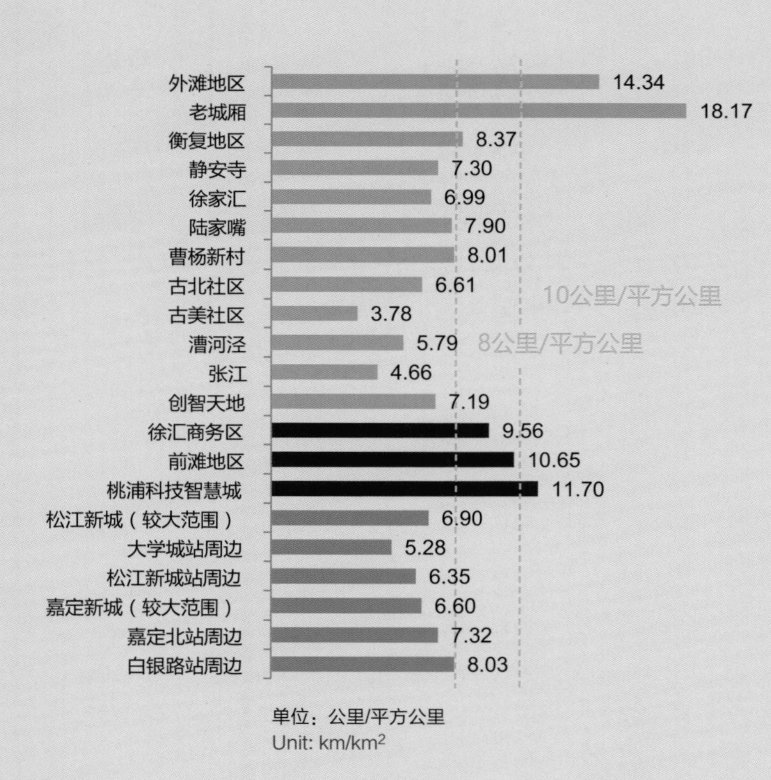

典型建成地区路网密度

中心城建成地区的12处典型地区包括历史风貌区、公共活动中心、居住区与产业园区等各种地区类型。其中黄浦区东北部与老城厢路网密度较高，路网中含有大量社区道路及以慢行为主的道路。其他地区路网密度普遍低于9公里/平方公里，其中漕河泾与张江地区的路网密度甚至不足6公里/平方公里。

郊区新城路网密度

以路网建成度较高的松江新城和嘉定新城为例，新城道路网络密度在5~8 公里/平方公里之间，整体偏低。松江新城轨交站点周边地区未体现出高密度路网特征，甚至低于新城总体路网密度。嘉定新城轨交站点周边路网密度略高于新城整体水平，但距离“密路网”的标准仍有一定差距。

重点地区规划路网密度

在徐汇商务区、前滩地区、桃浦科技智慧城三个重点地区中，道路网络密度均接近或超过10公里/平方公里（不计入大型开放空间）。整单元控规及控规局部深化调整中，三个重点地区还设置了一定数量的公共通道，使慢行网络密度进一步得到提高。

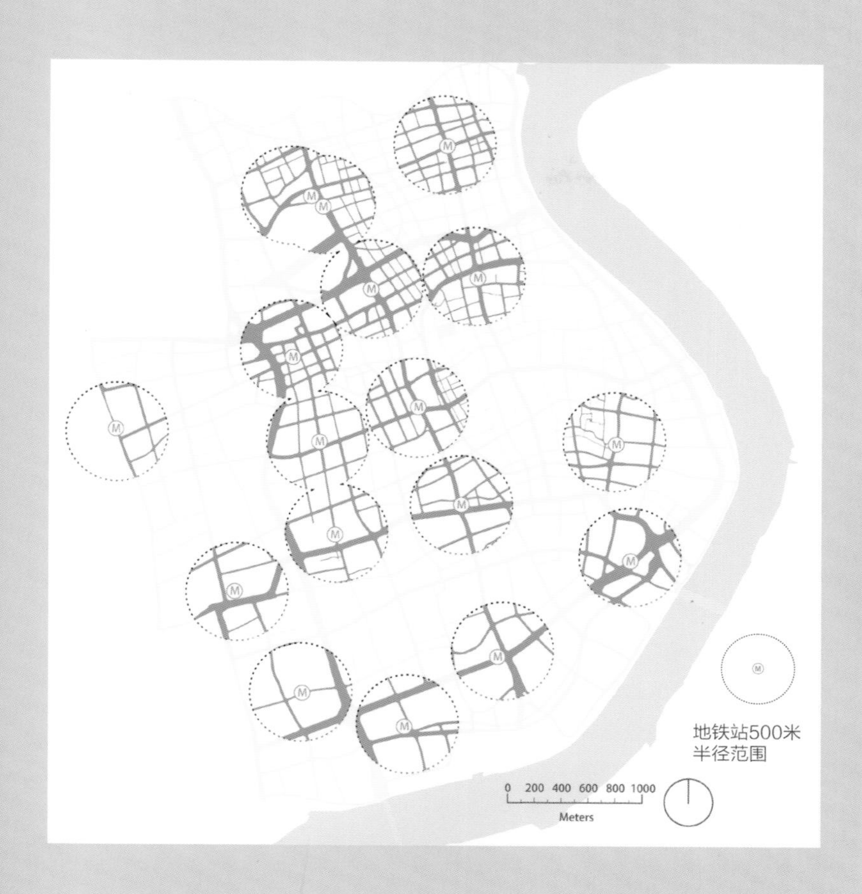

案例分析：
轨交站点周边步行网络

Case analysis: The pedestrian networks near Shanghai Metro stations

公交系统与步行系统之间的高效联系，是促进人们选择公共交通出行的前提。依托轨交站点形成密集的慢行网络，可以为步行者提供多样、便捷的路径选择，从而提升市民的轨交出行意愿 。

人民路步行空间
The pedestrian space on Renmin Road

慢行网络 Non-motorized transport network

慢行网络是指服务于步行和骑行的交通网络，包括主、次干路和支路的路侧人行道与非机动车道，以及共享路面和各类慢行及步行专用道。慢行网络密度应大于机动车交通网络密度。

根据人的步行活动特征确定慢行网络密度。一般而言，当步行者在100米之内能够到达下一个路口时，能够带来比较舒适的步行体验。根据地区用地性质、开发强度与混合程度等因素，因地制宜确定慢行网络密度，公共活动中心和轨交站点周边应重点提高路网密度，以满足其更高的步行需求。

连续性是衡量慢行网络质量的重要指标。通过路网规划、交通组织与街道设计维持步行与自行车骑行网络的连通性，强化公共交通和主要目的地之间的连接。结合上海的实际情况而言，应当确保路侧人行道的完整性，最大程度避免设置禁非道路，通过设置安全、便捷的联系解决主要交通干道阻断慢行网络的矛盾。

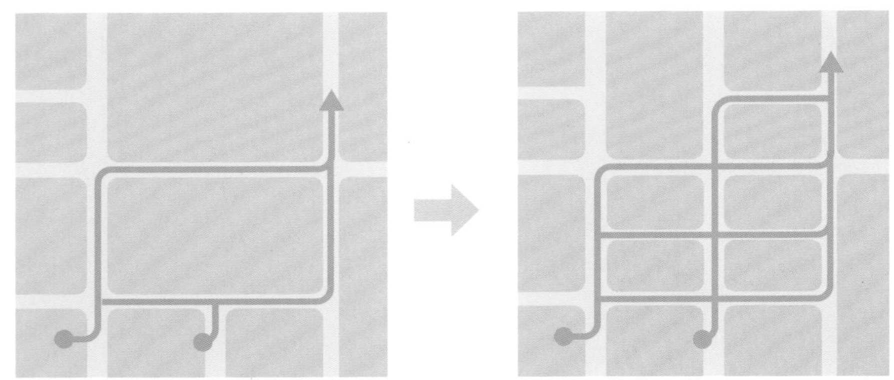

由大尺度街坊变为小尺度街坊后，步行路径的选择大大增加
After the scaling down of the neighborhood, options for pedestrian paths have been greatly increased.

增加网络密度 Increase street density

对于应当形成高密度路网的地区，应因地制宜地进行道路系统规划，满足路网密度要求。对于控规未编和已编未建地区，应结合规划编制和修编提高步行网络密度。对于城市更新地区，鼓励结合更新进行土地重划，增加城市道路及公共通道。在增加步行网络的同时，应保证网络的系统性与连通性；可结合加密路网对原有路网格局进行适度调整，优化道路线形，打通断头路。

表8-1 步行网络路口间距与路网密度
Tab. 8-1 Pedestrian network

地区类型 Type	路口间距推荐值 Recommended intersection spacing	路口间距最大值 Maximum intersection spacing	步行网络密度 Pedestrian network density
公共活动中心以及轨交站点周边	80~120米	200米	16公里/平方公里以上
生产性服务业聚集区和开发强度较高、混合程度较高的居住社区	100~150米	250米	14公里/平方公里以上
一般居住社区	120~180米	300米	12公里/平方公里以上

强化路径衔接 Strengthen road connection

连通性是影响慢行网络品质的重要因素。城市中的许多设施与环境，都会成为连续网络中的障碍。通过修复和克服这些障碍，使路径得到衔接，是提升网络品质、增进步行与骑行意愿的重要措施。

障碍可以分为空间障碍和环境障碍两大类，空间障碍主要包括地面铁路、高速公路、河流水系等。克服这一类障碍，需要通过增加服务于步行和骑行的轮渡、桥

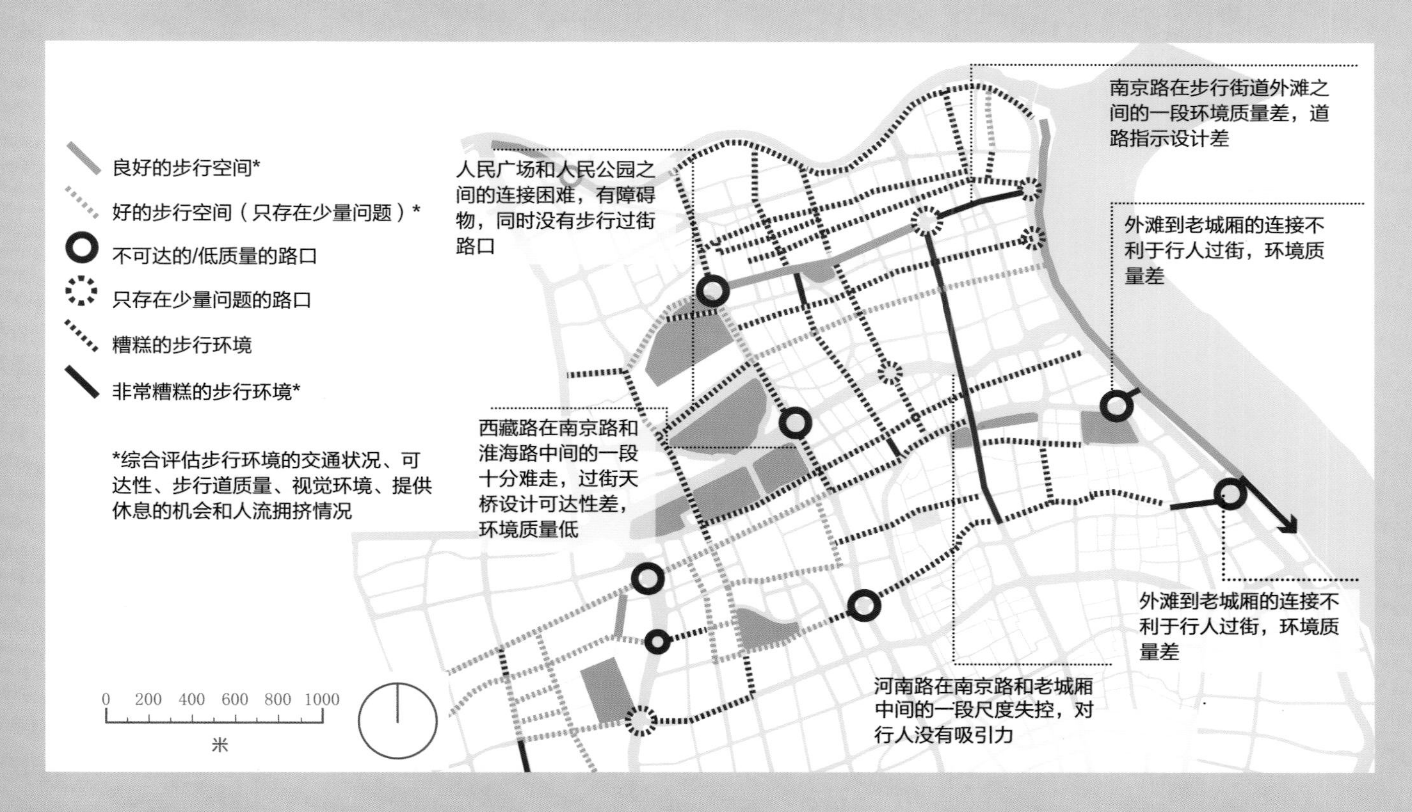

案例分析：
缺乏衔接的步行环境

Case analysis: A walking environment that lacks connection

黄浦区北部地区是上海步行环境最为优秀的地区之一，然而即便如此，仍然有许多品质不高的节点和路径，为行人在不同的区域之间穿行造成障碍，例如一些无法穿越的路口以及环境品质不高的街道。延安东路高架桥将南北两个活跃的步行街区割裂开来，其中部分路口缺乏地面联通，较暗的环境和噪声也降低了步行穿越的舒适度和意愿。

梁、天桥和地道。在增加这些衔接要素时，应将这些设置之间的间距控制在慢行可接受的范围内，并注重与出行需求相衔接。此外，应注重这些设施的无障碍化处理。

大尺度街坊是另一种空间障碍，包括大型办公园区、大型门禁社区和大专院校等。鼓励大型办公园区和大专院校进行开放化管理；鼓励边长超过500米的门禁社区以及地铁站周边边长超过300米的门禁社区开放总弄等主要内部道路，供慢行交通通行。

环境障碍是指影响慢行舒适度和意愿的环境条件，例如过宽的马路、过长的信号灯等候时间、缺乏人行道的路段、无法过街的路口、高架桥下等令人不愉快的街道空间、品质低劣的沿街环境、缺乏导向标识等。与空间障碍相比，环境障碍相对容易克服，例如增设和加宽人行道，增加地面过街可能，增设安全岛、减少信号灯等候时间以及提升街道空间环境等。应首先和着重加强主要慢行路径的衔接，例如提升主干道沿线轨交站点周边的慢行设施与环境等。

案例分析：

打浦社区15分钟生活圈

Case analysis: A“15-minute ”living area of Dapu Community

打浦社区是黄浦区一个充满生活气息的混合社区，以鲁班路为界分为东西两片。东片区邻近鲁班路、马当路和西藏南路地铁站，4条地铁线路以及密集的地面公交为带来良好的公交可达性。该片区路网密度不高但街道尺度宜人，沿主要慢行线路两侧有着较连续的商业界面，为本地居民和就业人群提供日常生活服务，并串联主要公共服务设施。居民和工作者只需要步行几分钟就可以到达菜场、超市、学校、医院等，生活十分便捷。

2. 社区生活圈

The living area of a community

在街道发育较为成熟的街区，通过密集的街道网络、有效土地复合利用，使街道将市民每日生活所需求的日常生活设施、公共服务设施、公共交通设施和公共开放空间联系起来，使人们可以在15分钟步行或骑行范围获取绝大多数日常生活所需的服务，并进行交往与休闲活动，而不需要依靠小汽车进行出行。无论是城市中心区还是外围郊区，生活社区都依托街道形成适宜步行并拥有丰富生活设施的街区。

对于同一个街区而言，工作者、购物者和游客有着不同的需求与活动特征，规划师与设计师应当对他们的需求与活动特征进行充分考虑，通过合理设置目的地组织路径，沿线布局相应设施与空间，形成连续的活动网络，在避免路径之间的相互干扰的同时，引导不同的路径有序交叉与重叠，使特定的设施和空间得到共享。

上海近代形成的三种典型的城市肌理

The three typical urban textures formed since modern Shanghai

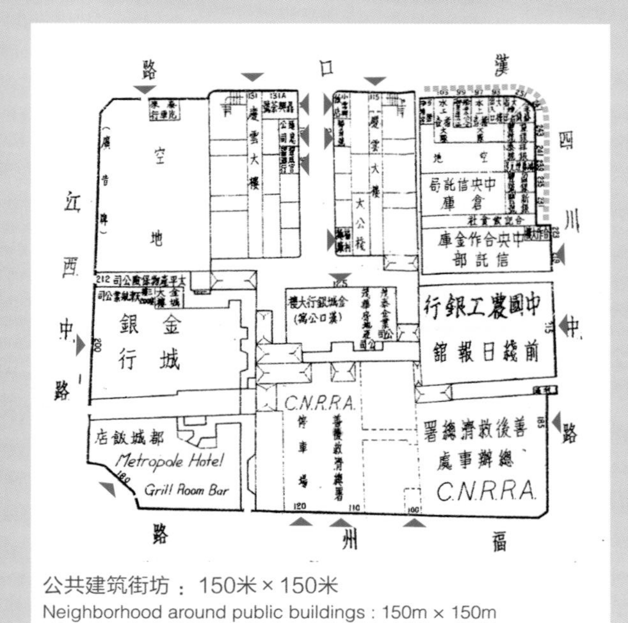

公共建筑街坊：150米 × 150米

Neighborhood around public buildings : 150m × 150m

里弄住宅：230米 × 140米

Lane and alley housing: 230m × 140m

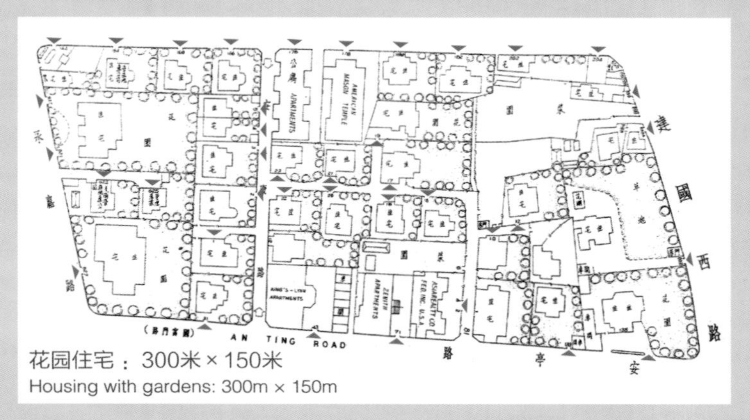

花园住宅：300米 × 150米

Housing with gardens: 300m × 150m

3. 开放式街区

Open districts

上海近代典型城市街区形态

Typical district forms in modern Shanghai

开放式街区曾经是近代上海最为普遍的城市形态。上海开埠以后，形成公共建筑街坊、石库门里弄、花园住宅三种较为典型的城市肌理，以适应不同功能片区和开发强度的城区建设需求。三种城市肌理中，公共建筑街坊与花园住宅源自对西方近代城市肌理的引进，石库门里弄则是中西合璧的、具有上海地方特征的城市肌理形态。

公共建筑街坊主要位于外滩至人民公园一带的公共活动区，该区街坊尺度较小，银行、商场、办公大楼、酒店、剧院等公共建筑和公寓大楼紧贴道路红线建造，相邻建筑或直接拼接建造或只留有狭窄的通道，对街坊形成紧凑的填充。建筑主、次入口一般直接沿街设置。

里弄住宅采用行列式与周边围合式相结合的建造方式，南北向为行列式石库门住宅，沿部分街道采用周边围合式布局沿街建筑作为商铺。地块内通过主弄及支弄形成鱼骨状街巷系统，沿街设置多处出弄口。

以花园住宅为主的城区建筑密度较低，街坊被分为多个小地块，大部分地块直接临街，或通过巷道与街道相连。每个地块建设一二栋独立式住宅，其余留作花园，院落入口或建筑入口直接开向街道。

以上三种城市肌理，都非常注重建筑与街道的关系，并可以在同一街坊内相互拼接，满足多样的功能需求，并产生丰富的城市形态。

工人新村街区建设的经验

The experience from the construction of Workers' New Village

上海在1950年代至1980年代建设了许多工人新村，这些居住社区在建成初期并没有围墙，同样是一种开放式街区的类型。

曹杨新村是新中国建立之初建造的第一个工人新村，路网形态较为自由，通过城市道路将新村划分成为多个街坊，街坊面积多在3~4公顷，建筑采用行列式布局，结合主要路口布置商场、医院等公共建筑。

曲阳新村是规模较大，配套齐全的大型居住区。住区由城市道路划分为6个居住小区，每个小区规模在15公顷左右，可容纳1万~1.5万居民，内部设置密集的社区道路系统，形成慢行街区。新村建筑在行列式布局的基础上，综合采用多种建筑形态和排布方式，形成良好的空间与景观多样性。新村在弄口设置组团级小商店和服务站，小区级公共建筑主要设在居住小区的中央带或小区周边的出入口处，形成便捷的步行生活社区。

开放式围合街区

Open enclosing districts

开放式围合街区是一种成熟的城市空间形态，鼓励开放、多元、包容与共享的城市生活。街道是开放式围合街区的核心要素，将建筑与城市公共空间紧密衔接起来。近年来，开放式围合街区的价值在许多国家和城市得到越来越高的认可。

开放式围合街区也就是采用建筑密度较高的围合式建造方式，建筑沿街坊四周的街道布局，形成连续街道界面，在街坊中央形成院落，或对街坊形成完整的填充。建筑的主要出入口以及地下车库出入口一般都沿街设置。一般而言，开放式围合街区的道路网络更为密集，土地利用更加集约，街坊尺度更加宜人。

开放式围合街区有利于功能深度复合，密集的街道网络提供了更多的临街面，不仅可以利用首层设置更多的商业、公共服务等公共业态，也使不同街坊、不同建筑甚至同一栋建筑的不同部位可以作为不同的功能和业态进行使用。

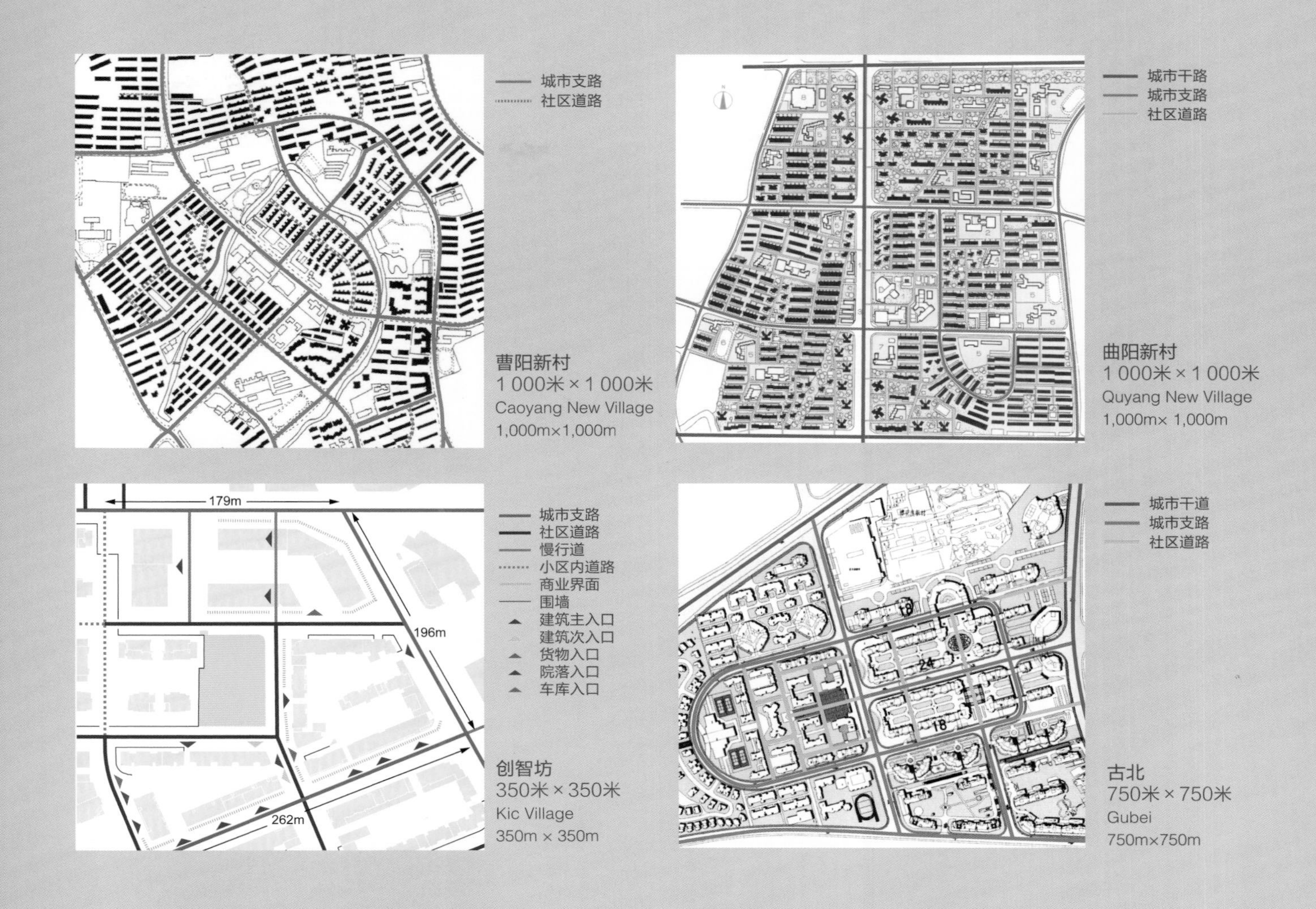

对于开放式围合街区中的许多街道而言，机动车交通不再是它们的主要职能。街道除了要服务沿线地块的机动车到发、落客、临时停靠以及慢行交通外，商业、休闲、交往交流等各类沿街活动同样成为街道重要的职能，结合高度复合的功能业态的交互性，形成更有效率的日常生活与更有活力的邻里氛围。

古北社区是较早尝试开放式围合街区的居住区项目，通过增加社区道路降低街坊尺度，建筑沿街建造以形成街道空间，住宅底层设置商业功能，形成活跃的街道生活。创智坊是近年来建成的开放式围合街区。公共开放的社区道路对街坊进行了进一步划分，路口间距在60米至120米之间。社区道路主要服务沿线地块与提供路内停车。街区建筑沿街贴线建造，底层以商业等公共用途为主，形成连续的积极界面。住宅单元入口开向院落，办公建筑及地库入口直接开向街道。

第九章
街道设计

CHAPTER 9
STREET DESIGN

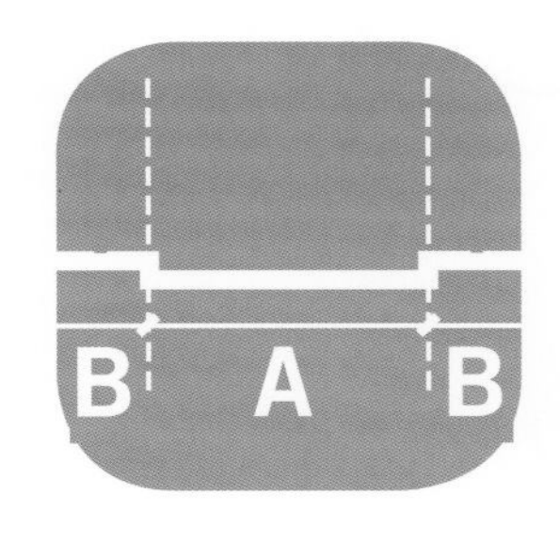

街道设计是一个高度综合性的工作，在明确街道定位的基础上，针对不同类型街道的交通与非交通性活动特征，面向所有街道的使用者，因地制宜进行街道空间分配和街道设施统筹设置。

Street design is a highly comprehensive work. Based on clear street positioning, allocate street space and make overall arrangement for street facilities in a customized way by considering the traffic of different types of streets and non-traffic activity features while targeting all the users of streets.

1. 设计原则

Design principles

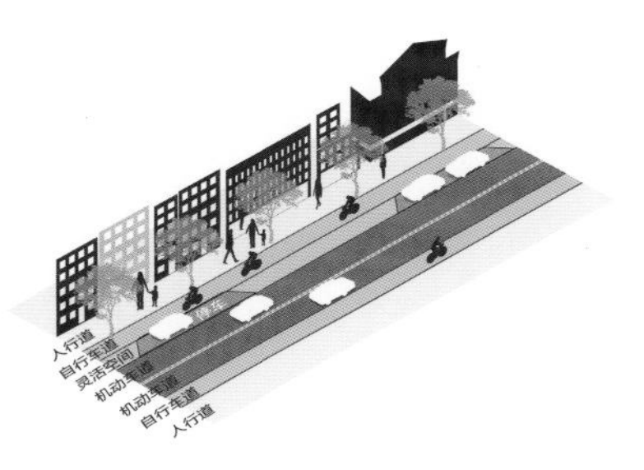

一般生活服务街道
Ordinary streets for life services

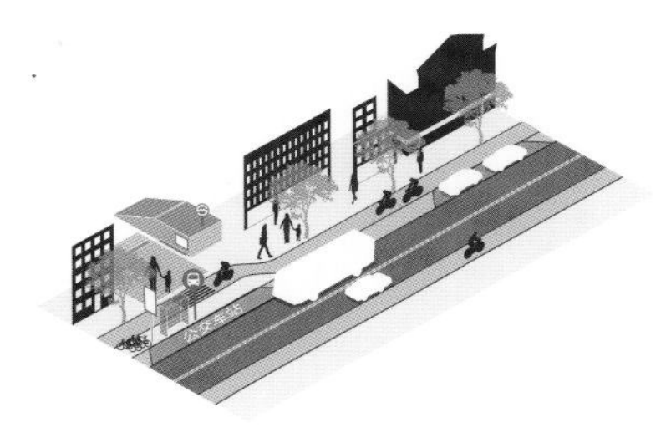

公共交通换乘、通行量较大的街道
Streets for public transport transferring with heavy traffic

合理确定街道定位

The street positioning should be decided in a rational way

街道定位应对交通需求和沿街活动进行统筹考虑，并重视街道服务于街区的作用。通过确定街道定位，在有限的街道空间内，可以明确交通和沿街活动的空间分配和设施配置的优先级。同一条街道的不同街段可以结合周边环境形成不同的定位，并相应形成不同的断面设计。新建地区可通过对街区内街道进行统筹与职能分工，形成较为明确的街道定位；更新地区应结合更新评估和地区发展规划对街道进行定位，发掘街道潜力，激发街道活力。

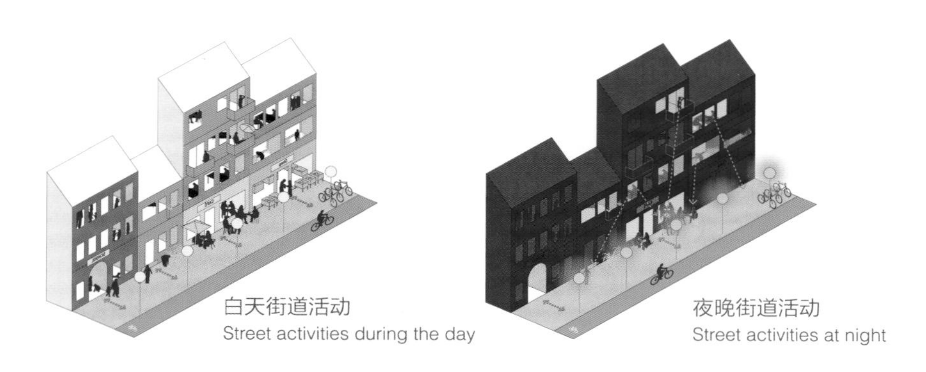
白天街道活动
Street activities during the day

夜晚街道活动
Street activities at night

从空间和时间维度进行统筹考虑

Make overall consideration from the dimensionality of space and time

街道的活动具有高度的综合性，应对慢行交通、静态交通、机动车交通和交往交流、商业活动、休闲游憩等沿街活动进行统筹考虑，考虑不同时间活动内容和强度的差异，在设计中适当留有弹性，避免通过规划设计进行过于清晰的界定。

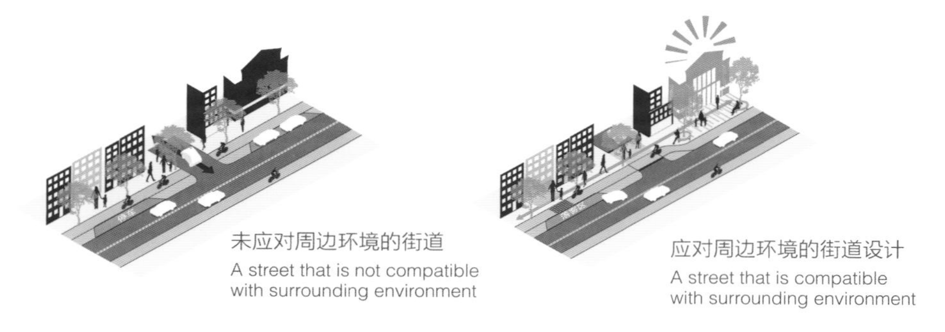
未应对周边环境的街道
A street that is not compatible with surrounding environment

应对周边环境的街道设计
A street that is compatible with surrounding environment

与沿街设施和周边环境相协调

Compatible with facilities along the street and surrounding environment

街道断面设计应保持灵活性，在地铁车站、重要公共建筑出入口、公交站点等特殊节点，应针对不同的活动与使用需求开展特殊设计。根据沿线功能与活动需求，同样宽度的街道可以形成多种断面设计，应对不同的车行、步行交通与停留活动的需求，塑造街道的个性与特色。

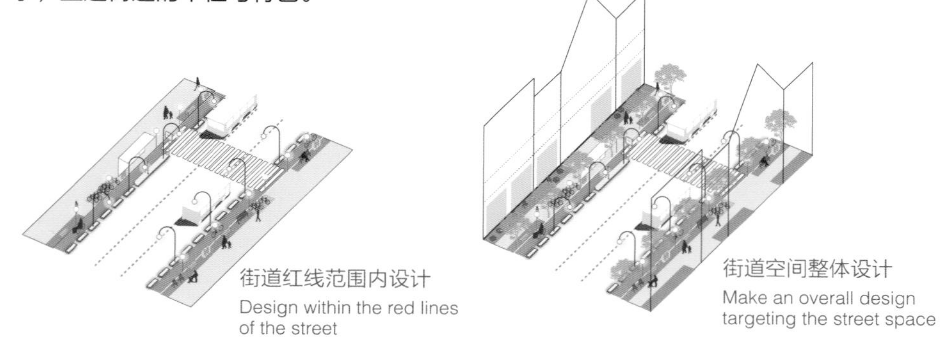
街道红线范围内设计
Design within the red lines of the street

街道空间整体设计
Make an overall design targeting the street space

面向街道空间进行整体设计

Overall design targeting the street space

街道设计应将红线内部的道路空间、沿线的退界空间及沿街建筑界面和附属设施纳入设计范围，对空间和设施进行集约设置与统筹利用，形成一体化设计方案，确保连续的活动空间与紧密的功能联系。对于更新地区而言，激活退界空间与沿街界面，是增加街道活动空间、提升街道活力最为重要的途径之一。

2. 交通参与者
Traffic participants

行人 Pedestrians

所有交通方式最终都会转化为步行：公共交通的使用者需要借助步行从车站前往他们的最终目的地，小汽车司机和骑行者在下车点和目的地之间也需要步行。在行为安全上，行人是交通参与者中相对弱势的群体，因此无论在什么情况下，都应在街道设计中将行人安全置于优先级的首位。街道设计应当为所有行人服务，包括儿童、老人、推婴儿车的父母、盲人和使用轮椅，以及其他辅助设施的残疾人等。

行人的平均行走速度约为每小时3.5公里。在这种速度下，他们可以体验到很多细节。同样一段路程，由于沿线建筑立面和公共开放空间的变化和丰富度的不同，会使行人感受到的步行时间长短不同。

在步行时，行人不但会注视到前方，也会注意到两侧的街坊活动。此外，行人还会通过气味、声音和触感来体验城市，连同视觉体验一起，形成对于某个场所的完整意向。

基本活动 Basic activities

行走
Walking

驻足休息
Sitting waiting

获取信息
Sitting using technology

交流
Strolling

跑步
Jogging

拍照
Taking photos

扩展活动 Additional activities

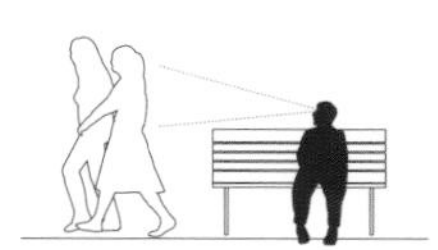
观察
People watching

购物
Shopping

吃饭
Sitting eating

室外咖啡
Café

买卖
Kiosk

家人与朋友间的会面
Meet family and friends

举办室外活动
Flexibility of everyday

舞蹈
Dancing

孩子玩耍
Children playing

室外健身运动
Tai chi

服务设施 Service facility

过街设施
Easy crossing

休闲与游乐设施
Sitting and playing

标识系统及信息终端
Information for wayfinding

树荫
Walking in the shade

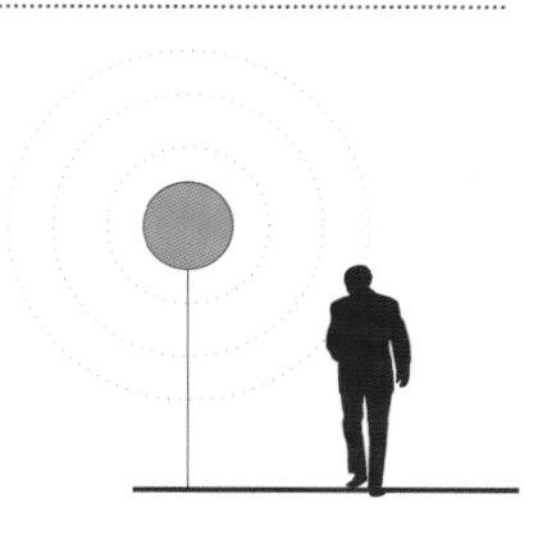
夜间照明
Lighting in the night

公共交通 Public transit

轨道交通、常规公交以及轮渡等共同组成了上海的公共交通系统。轨道交通是上海公交系统中最重要的组成部分。“最后一公里”的体验对于提升轨道交通吸引力具有重要的作用。应尽量将地铁车站与重要的公共服务设施一体化布局，注重通向轨道交通站点的接驳路径，在轨道交通站点周边建设完善的步行和自行车通道，并优化与公交车的换乘条件，使通勤更加便利、站点周边的环境更加人性化，鼓励更多市民选择轨道交通作为出行方式。

常规公交是上海公共交通系统的重要组成部分。与轨道交通相比，常规公交可以提供更加密集的站点和灵活的线路。应通过优化线网、增加班次、设置公交车道及专用信号来提高运行速度，以提升常规公交的服务能力。

轮渡是步行者和骑行者重要的渡江工具，应重视轮渡与慢行网络和其他公交设施的衔接，将浦江两岸更加紧密的联系在一起。

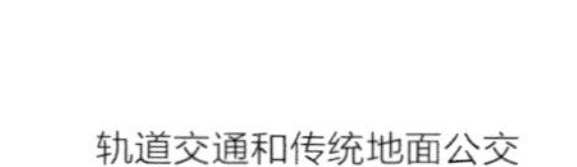

轨道交通和传统地面公交
Rail transit and traditional bus transport

标识公交车道与车站
Bus lane and station signage

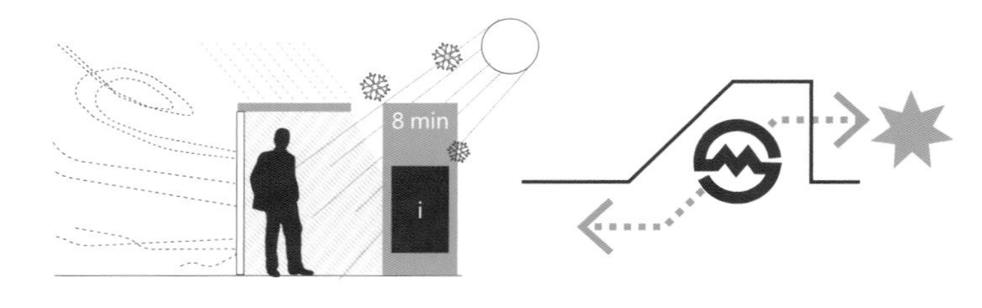

候车亭
Bus shelter

轨交车站便捷可达
Convenient and accessible rail transit

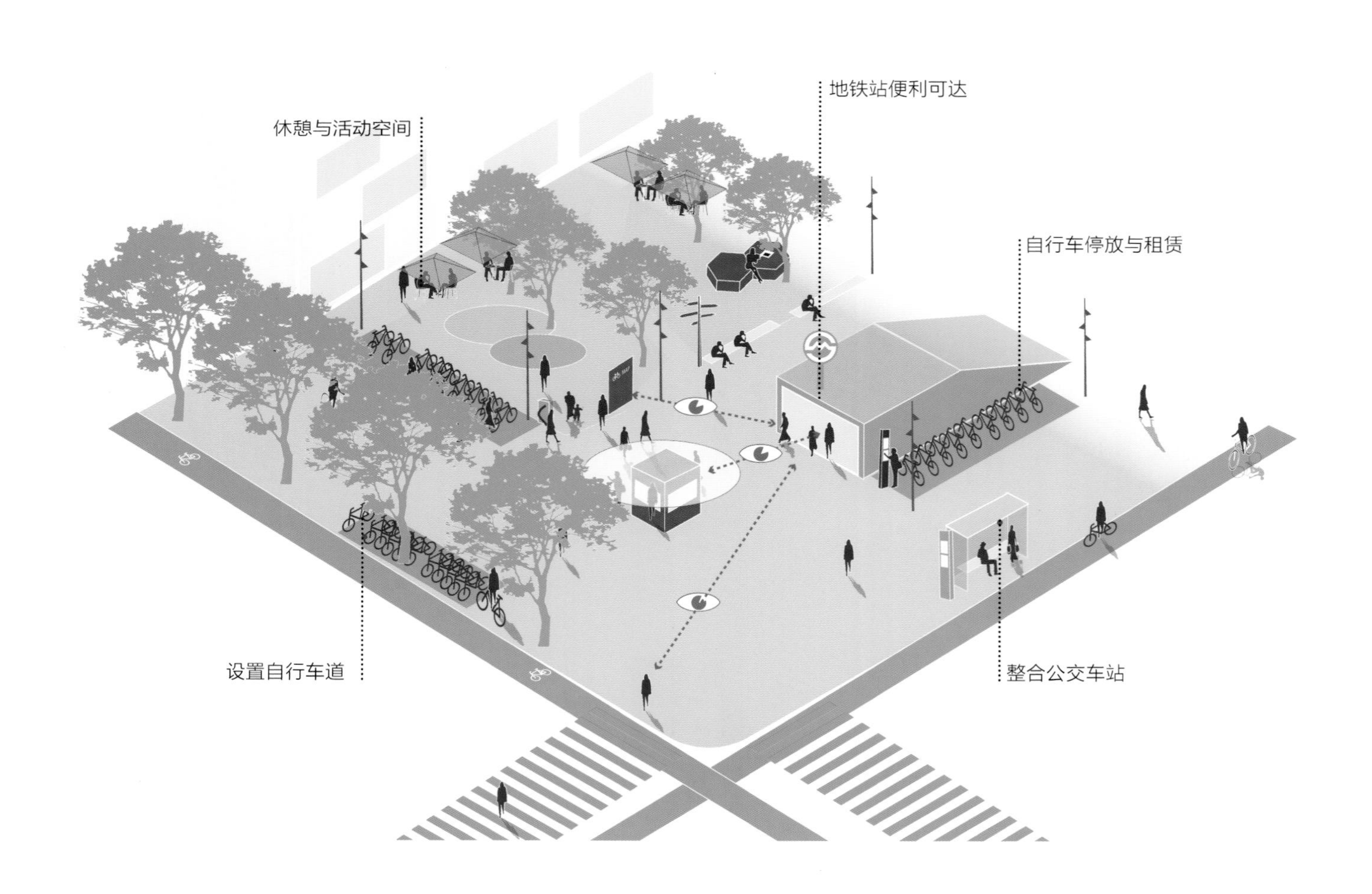

非机动车 Non-motor vehicles transport

非机动车包括自行车和电动自行车，其中电动自行车正日益成为非机动车中的主体。应将非机动车交通作为绿色交通的组成部分，加强对非机动车的管理，整体保障对非机动车的空间和设施供给。

自行车的骑行速度一般在10~15公里/小时左右，应当据此合理确定电动自行车速度等级，避免电动自行车与自行车以及与机动车通行产生的矛盾。

应当对自行车过街问题给予更大的关注。建议对自行车过街通道通过划线和分色铺装进行标示，并重点考虑避免与转弯机动车的冲突。在自行车交通量大的交叉口，可设置专门为自行车设计的交通信号灯，并通过广角镜等特定的设施扩展骑行者在交叉口的视野。

河南路 Henan Road

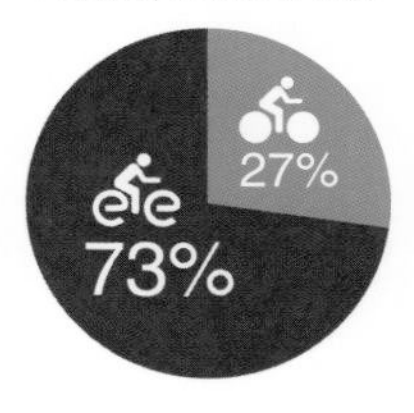

泰康路 Taikang Road

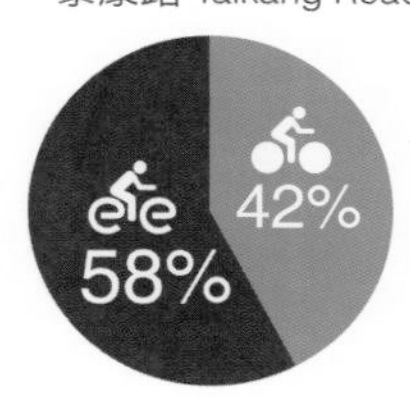

复兴路 Fuxing Road

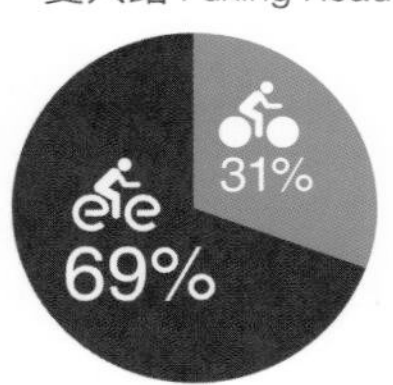

● 自行车 Cycling

● 电动自行车 Electric bicycles

自行车与电动自行车使用者占比 The percentage of the cycling and electric bicyclesdesign

非机动车
Non-motor vehicles

临时停放
Temporary parking

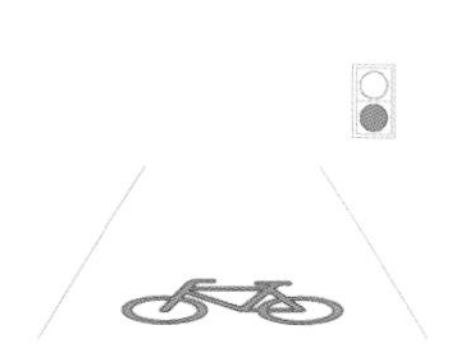

过街信号灯与路面标识
Signal lamps for crossing streets and road signs

硬质隔离
Physical separation

机动车交通 Motor vehicle transport

上海道路资源有限，通过增加道路设施无法有效解决城市交通拥堵问题，必须通过鼓励公共交通、绿色交通来转变出行方式，控制小汽车增长与使用，以缓解城市交通拥堵问题。加强交通组织研究，系统性提高交通通行能力。街道设计应采用缩减车道宽度、缩小转弯半径和设置减速带等方式影响驾驶行为，提升和改善步行和骑行环境，为在城市中生活、工作和娱乐的人们带来更高的安全性和舒适性。

机动车
Motor vehicles

落客与停车
Dropping-off and parking

保证机动车视野
Guarantee needed views for motor vehicles

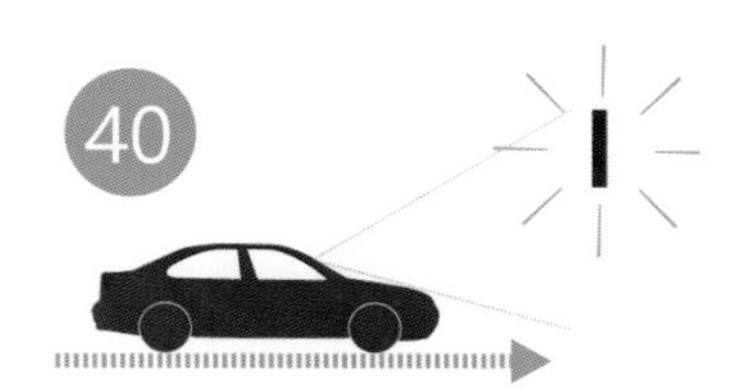

清晰的导向与标识
Clear directional signage

3. 街道类型设计 Street type design

商业街道 Commercial street

商业街道是指街道沿线以中小规模零售、餐饮等商业为主，具有一定服务能级或业态特色的街道。其中服务地区及以上规模、业态较为综合的商业街道为综合商业街道，餐饮、专业零售等单一业态的商业街道为特色商业街道。

沿街活动 Activities along streets

商业街道沿线以消费性商业活动为主，如餐饮、购物等，同时也可容纳非消费性活动，包括游逛、会面、休憩、表演、驻足观看等。

必要性活动：步行通行、闲逛。

经常性活动：坐憩、等候、拍照、驻足观看橱窗、室外餐饮、购物、窗口贩卖、沿街贩卖、街头表演、儿童玩耍等。

空间与设施 Spaces and facilities

商业街道应保持空间紧凑，强化街道两侧的活动联系，营造商业氛围。可通过压缩机动车道规模（数量与宽度）的方式，保证充足的步行空间。必要时可结合地区交通组织，对主要商业街进行机非分流。

建议将人行道宽度（设施带、步行通行区和建筑前区总宽度）控制在5~8米，以促进步行者与商业界面的积极互动，避免过于拥挤与空旷。当有室外展示、餐饮时，宜取宽度上限，当没有户外展示、餐饮时，宜取宽度下限。

商业街道应对人行道与退界空间进行一体化设计。除餐饮特色街道外，开放式建筑前区宽度不宜大于2米，使行人可以接近商业展示橱窗。餐饮特色街道可设置宽度在3~5米的建

沿街活动与设计建议 Activities along streets and design suggestions

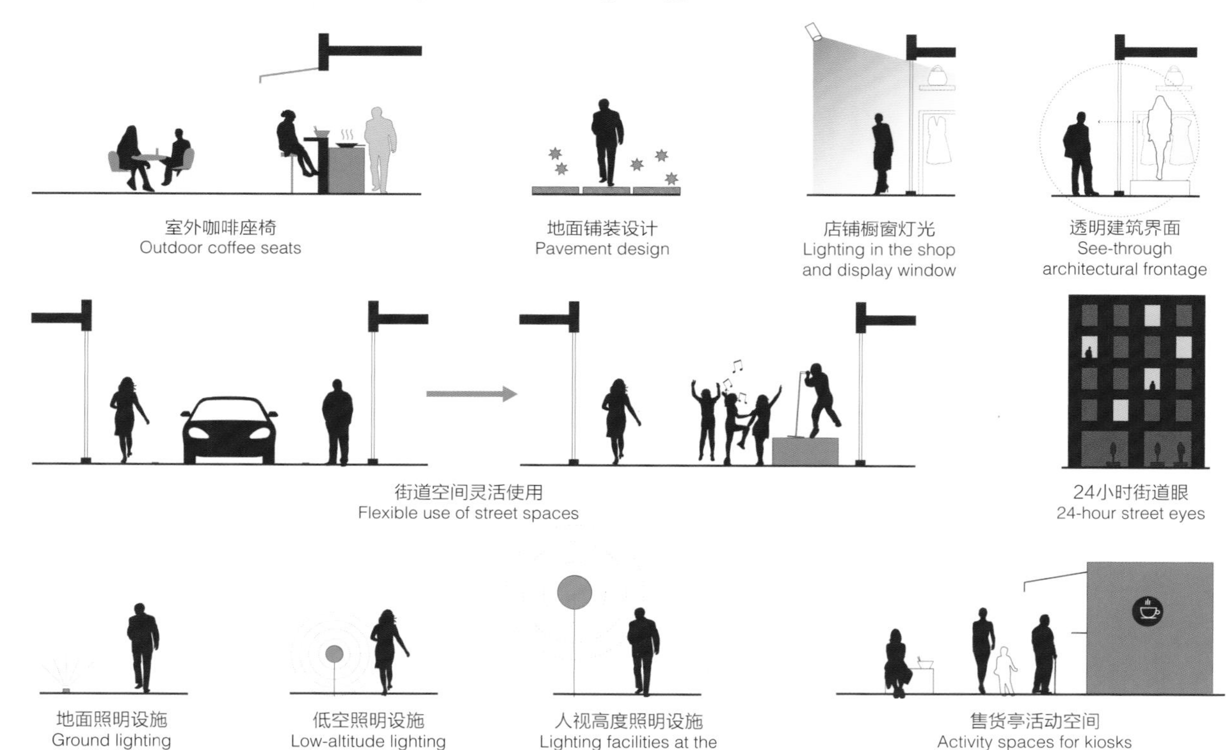

筑前区作为室外餐饮区域。

商业街道应提供适应较大规模人流的步行通行区，设置公共座椅和沿街休憩空间、公共厕所，采用较高品质的地面铺装，提供充足的照明，鼓励设置能够灵活使用的沿街商业活动与艺术表演空间。

街道空间较为充足时，可采用非对称断面及较为自由的景观设计，可在沿路缘石或在道路中央布置较宽的设施带和活动区。

行道树种植 Street trees planting

商业街道在选择及布局行道树时，应避免与灌木树冠对沿街商业的消极遮挡。鼓励选择高大和通透性较好的行道树。较窄的步行街鼓励将行道树种植于街道中央，结合休憩设施与外摆区域形成中央设施与活动带。

交通协调 Traffic coordination

新建地区应避免沿主干道形成商业街道。对于既有主干道沿线的商业区段，应通过绿化等措施进行空间和噪声隔离，提升活动舒适性。

商业街道沿线应提供便利的穿越街道的可能。交通性较强道路，在不影响主线交通情况下，尽可能增加人行横道等过街设施。其他街道鼓励采用稳静化措施控制车速，使行人可以便利地穿越街道。

建筑界面 Architectural frontage

街道沿线应提供整齐、连续的建筑界面，形成连续的底层商业用途。应保证商业店面的密度，以单侧每百米不少于7个为宜。

沿线鼓励提供非商业用途的建筑出入口，保证街道在非商业活动时间的活跃性。

一般断面设计 General cross-section design

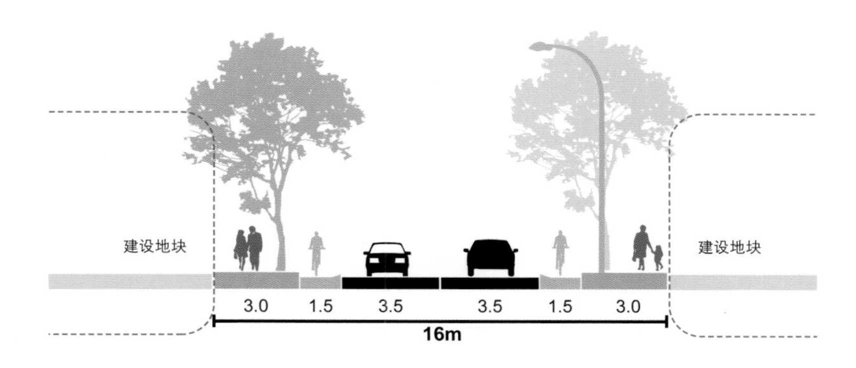

优化断面设计 Optimized cross-section design

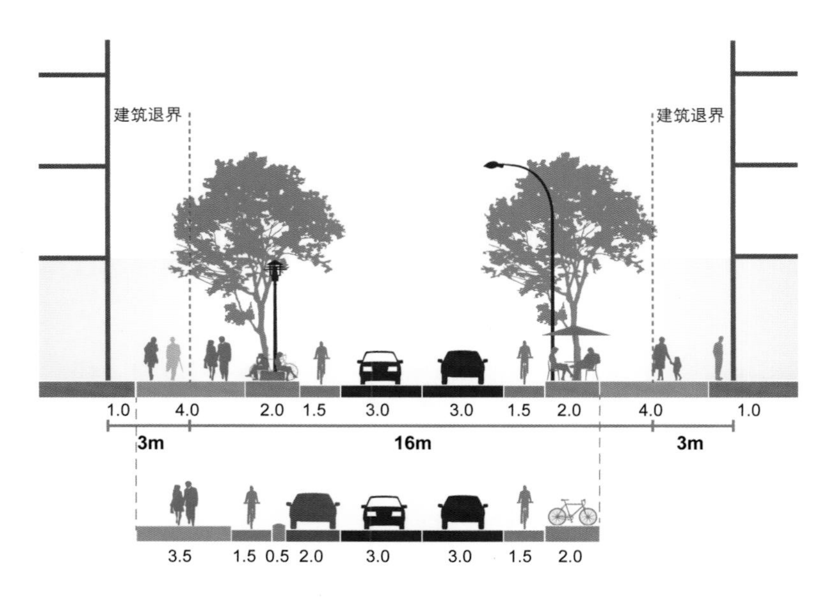

推荐街道断面 Recommended sections

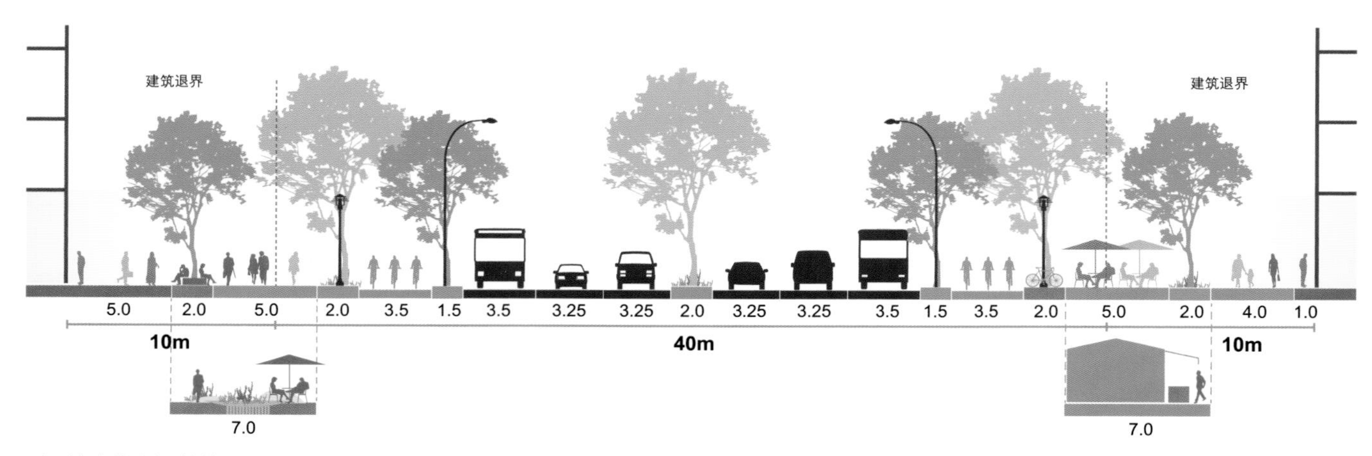

对于较宽的人行道进行分区利用，可设置雨水花园改善街道景观，或利用较宽的退界设置售货亭等临时设施，以提高店铺密度。较宽的人行道应增加行道树对行人活动区域进行遮阴

For relatively wide sidewalks, they can be divided for different uses. Set up rainwater garden to better street landscape or use wide setback spaces to set up temporary facilities such as kiosks improve shop density. For relatively wide sidewalks, more street trees should be planted to provide tree shades over pedestrian areas.

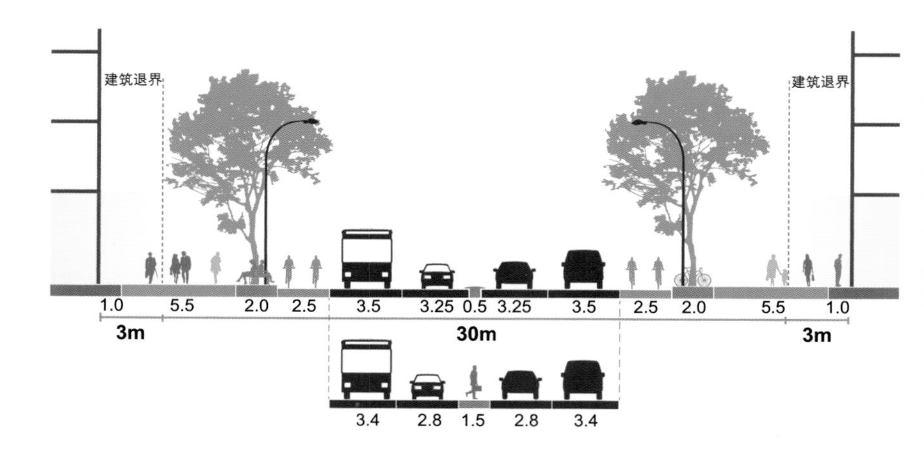

通过取消中分带保持空间紧凑，结合路中人行横道局部缩窄机动车道宽度并设置安全岛，引导机动车减速慢行，提升过街的安全性与便捷性

Make the space impact by cancelling the middle greenbelts. With pedestrian crossings in the middle of the road, decrease the width of the motor vehicle lane at some places and set up the safety island. Guide motor vehicles to slow down to improve the safety and convenience for pedestrians to across the street

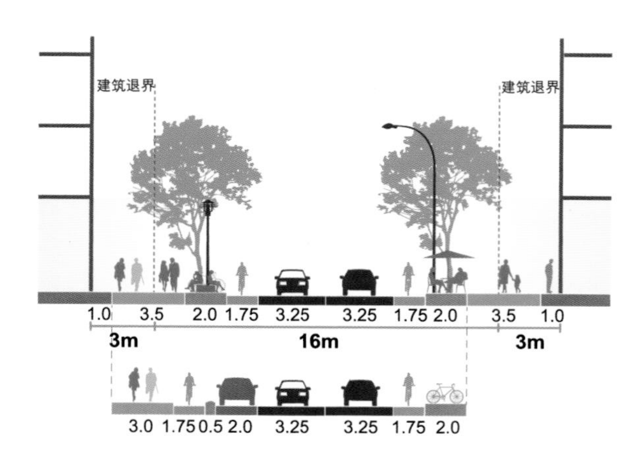

结合断面变化，提供少量机动车临时停车位

Provide space for the temporary parking of motor vehicles

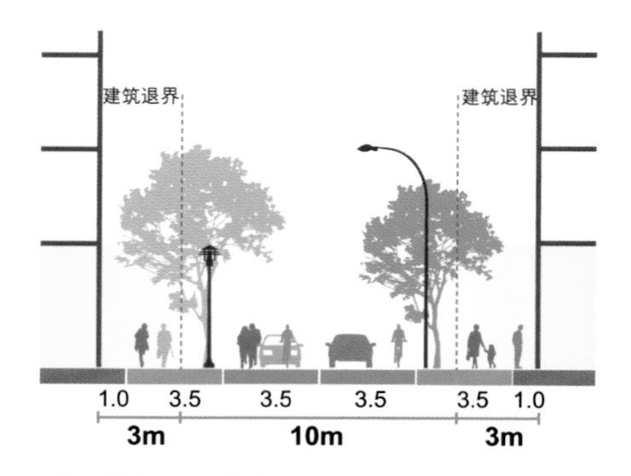

采用共享街道模式，通过允许机动车进入提高沿线商业的可见性与可达性，同时营造安全、舒适的步行与骑行环境

Adopt shared space model which allows for motor vehicles and improve visibility and accessibility for the commerce along the street. Meanwhile, foster a safe and comfortable walking and cycling environment

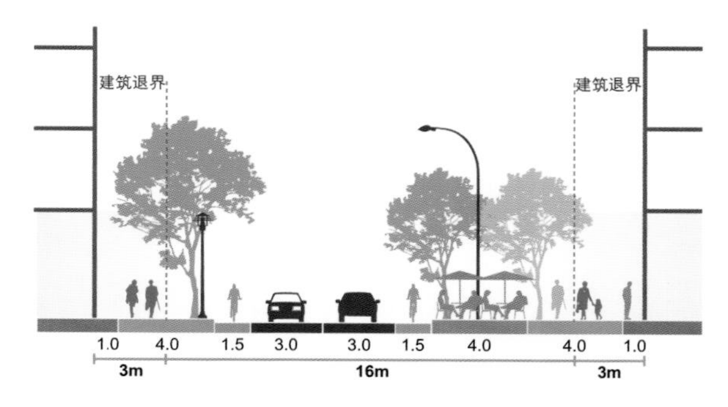

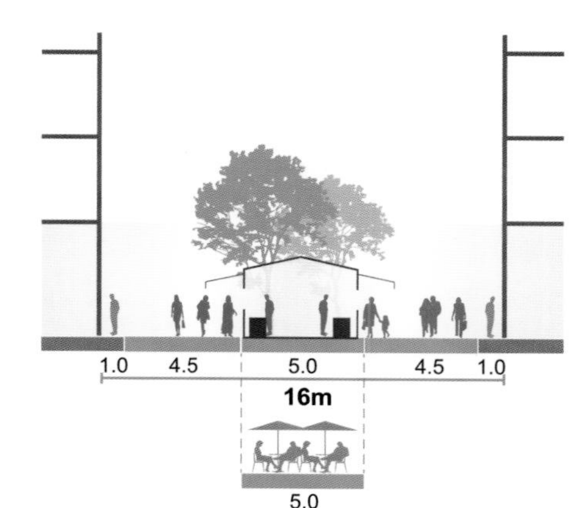

步行街可在中间设置零售摊位，增加商业界面，丰富步行街活动

For a pedestrian street, stalls for retailing can be set up in the middle to diversify commercial interfaces and enrich the activities on the street

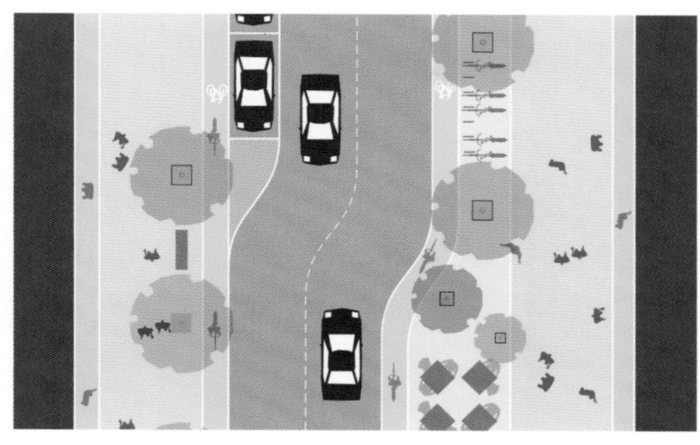

在街道两侧设施带与活动空间较为充足时，结合非对称断面设置水平偏移，形成小型沿街广场绿地作为活动休憩节点

When there is enough space for facility belts and activities along the street, from a resting node for small-scale square greenbelts with horizontally displaced asymmetric cross-section

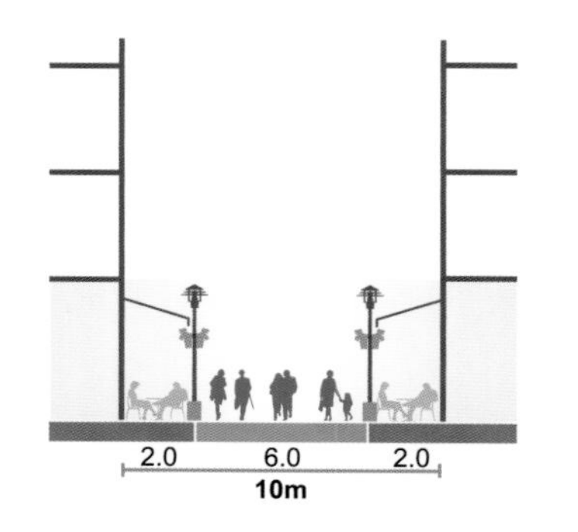

沿街设置室外餐饮及商品展示区域

Provide areas for outdoor food and commodity display along streets

设计要素 Design elements

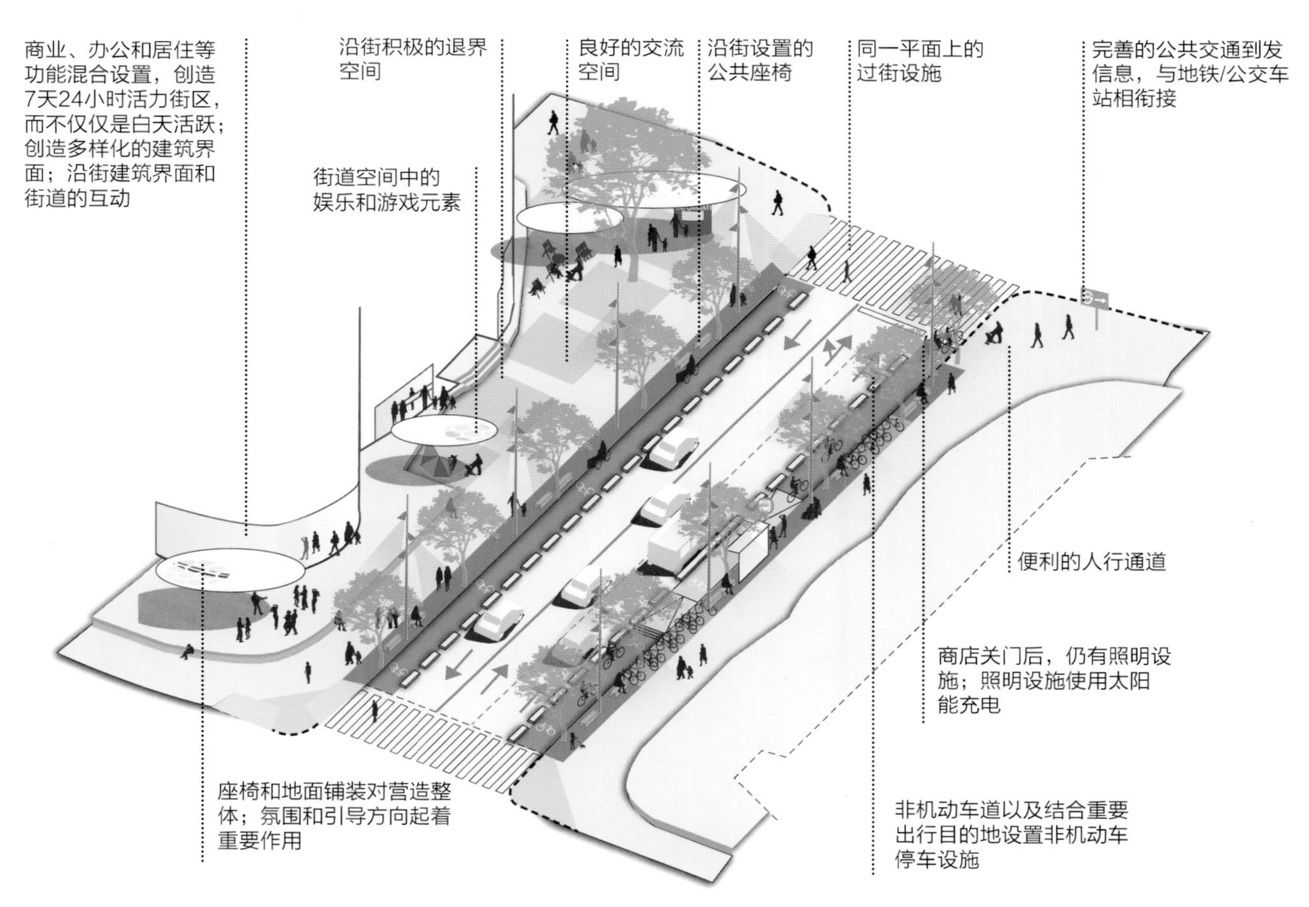

生活服务街道 Living and service street

生活服务街道沿线以服务本地居民、企业和工作者的中小规模零售、餐饮、生活服务型商业（理发店、干洗店等）等设施以及公共服务设施（社区诊所、社区活动中心等）为主的街道。

沿街活动 Activities along streets

生活服务街道应当成为社区日常生活的重要场所，为不同年龄、不同背景的居民提供会面与交往空间。

必要性活动：在住所、工作地点、公共交通站点、公共服务设施之间的步行活动。

经常性活动：与邻居会面、漫步、攀谈、儿童玩耍等活动。

空间与设施 Spaces and facilities

应集约利用街道空间，保障充足和带有遮阴的慢行通行空间。

提供满足各类居民活动需求的场所与设施，例如休憩节点、儿童游乐场、健身活动场地等，并为偶然性的会面提供机会。

通过在设施带内提供座椅、自行车停放架、信息设施等与日常生活出行密切联系的街道设施，鼓励提供社区交往交流活动。鼓励提供不同类型的座椅。

街道空间有限时，可采用非对称断面，设置单侧设施带。

交通协调 Traffic coordination

新建地区鼓励结合支路布局生活服务街道，应用稳静化措施降低车速。对于既有城市干道沿线的生活服务区段，应通过绿化等措施进行空间和噪声隔离，提升活动舒适性。既有城市支路沿线的生活服务区段应减少沿路停车，增加休憩与活动空间。

建筑界面 Architectural frontage

沿街建筑鼓励设置生活服务型商业以及社区公共服务设施，混合居住、办公等功能，鼓励增加沿街出入口数量街墙上部鼓励提供居住功能，提供夜间的“街道眼”。

沿街活动与设计建议 Activities along streets and design suggestions

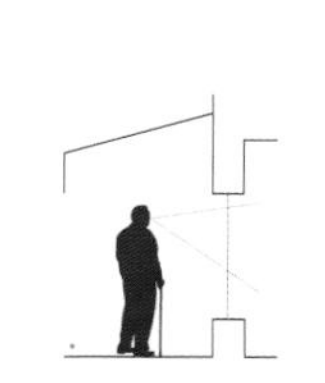

橱窗展示
Window displaying

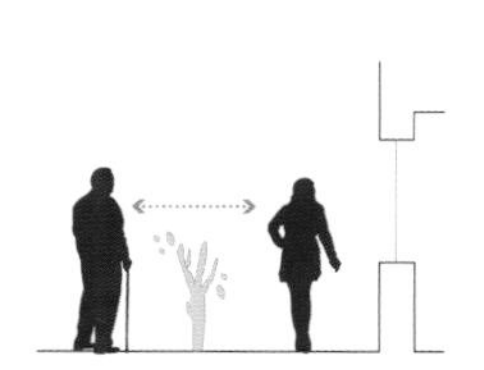

开放的退界空间
Open setbacks

沿街布置日常生活服务设施
Every day shops closeby

邻里交流
To meet neighbours

咖啡座
Coffee seats

可移动的食品和货物摊贩
Mobile food and goods vendors

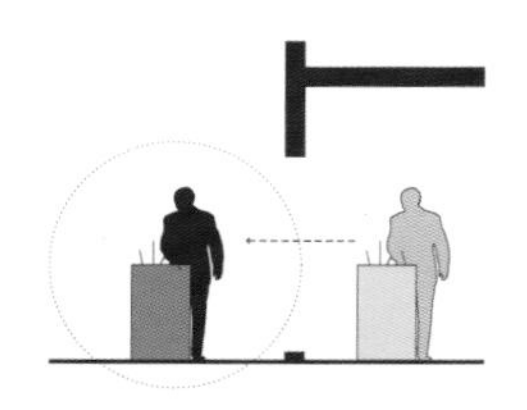

功能外溢
Function spillover

不同层次的照明设施
Lighting facilities of different altitudes

可移动座椅
Mobile seats

开放的建筑边界
Open architecture boundaries

一般断面设计 General cross-section design

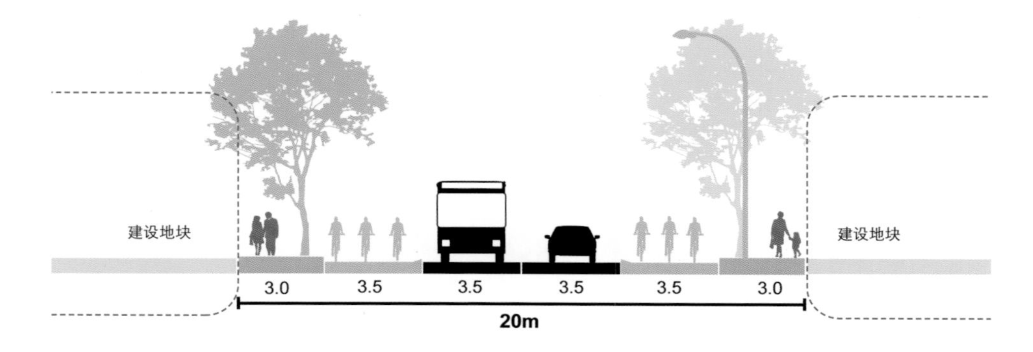

优化断面设计 Optimized cross-section design

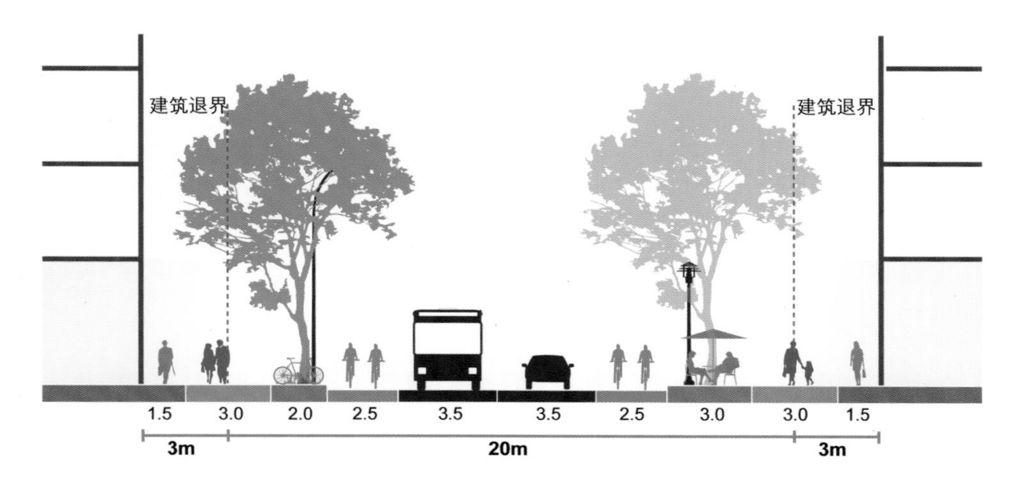

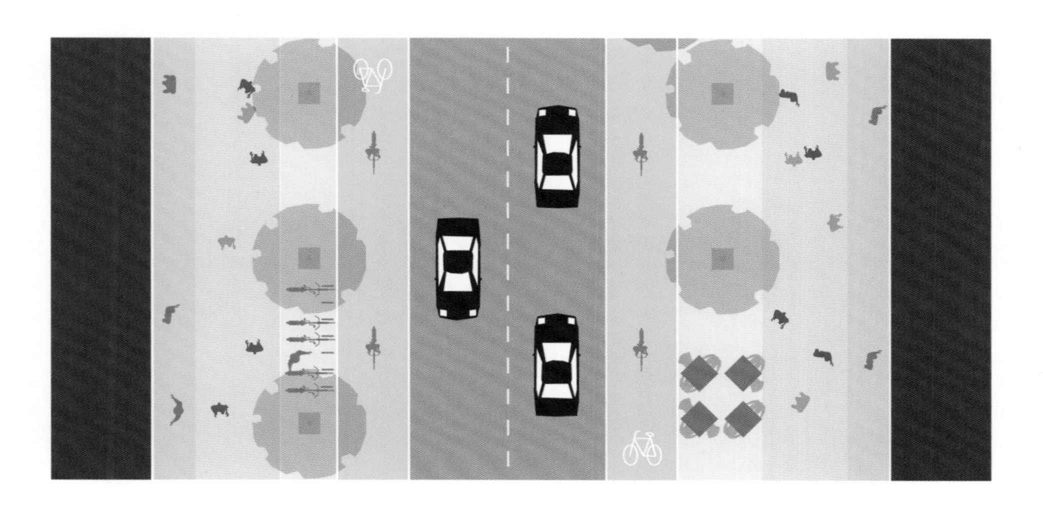

推荐街道断面 Recommended sections

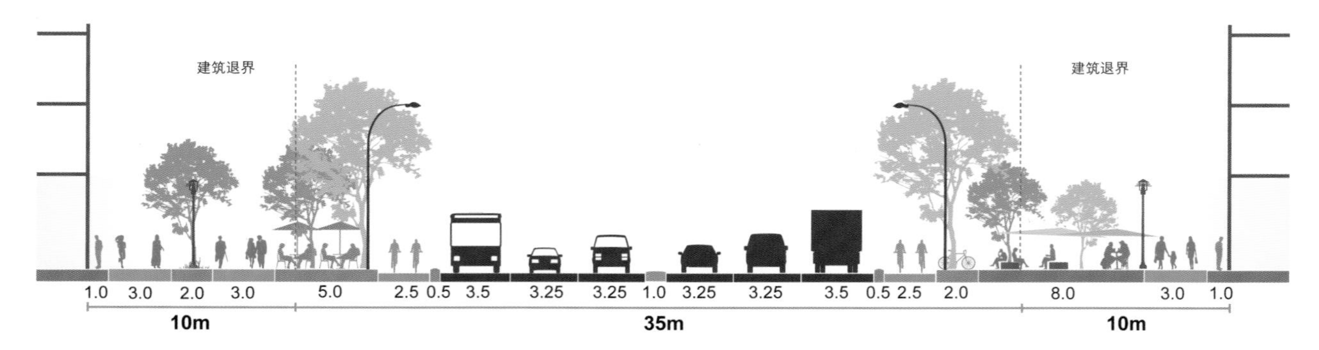

可利用较宽的建筑退界补充步行通行区，设置交往、交流与休憩活动空间，可进行个性化的空间环境设计

Relatively wide setback spaces of architectures could be used as a supplement for pedestrian areas. Spaces for activities such as exchanges, communication, and resting should be created and personalized space environment design can be carried out

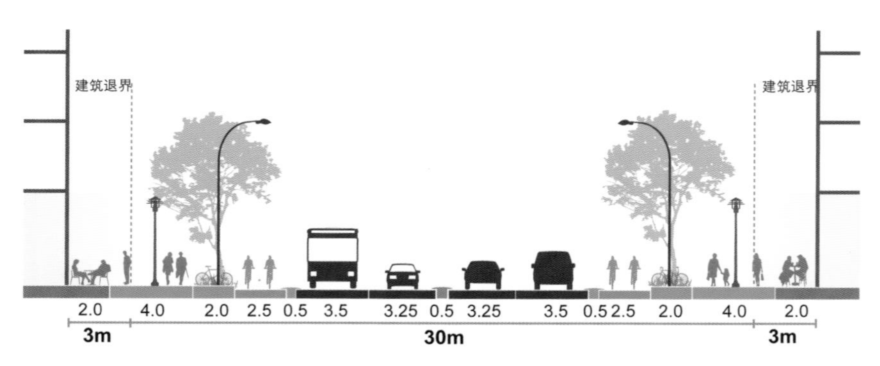

沿街提供餐饮与商品展示区域

Provide areas for food and commodity display along streets

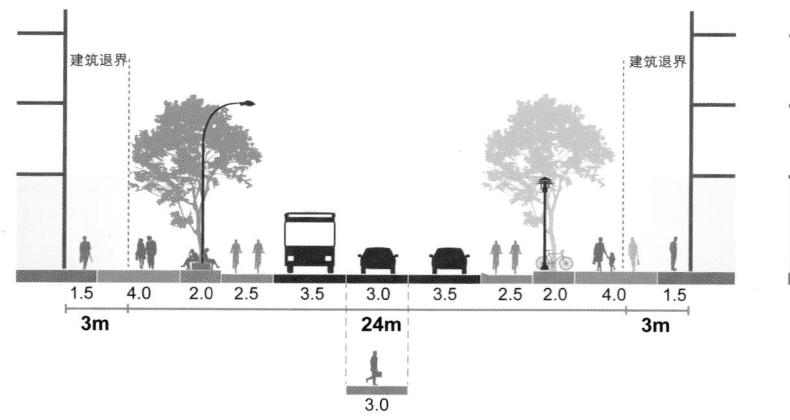

道路中段设置安全岛，接近路口时形成左转渠化车道

Set up safety islands in the middle of roads. Build left-turning channelized driveways near intersections

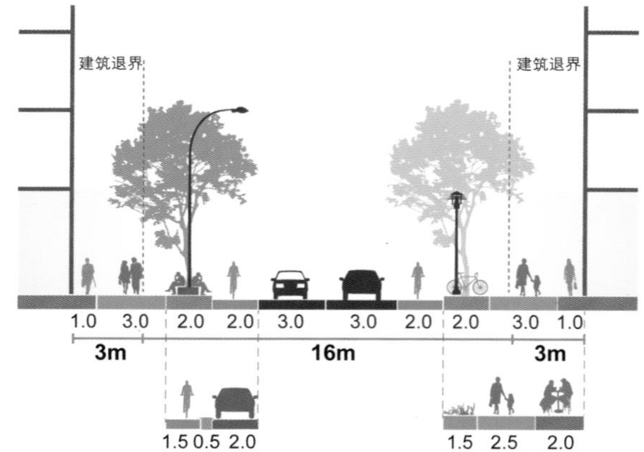

提供连续的设施带，综合布局行道树、自行车停放、外摆区域、休憩座椅、绿化带和沿路停车。临时沿路停车建议设置在非机动车道外侧，并留出安全距离

Provide continuous facility belts, make overall arrangement for street trees, bicycle parking areas, outdoor displaying areas, resting seats, greenbelts, and parking space along streets. Temporary parking spaces along streets are recommended to be arranged at the outside of non-motor vehicle lanes and a safe distance should be kept

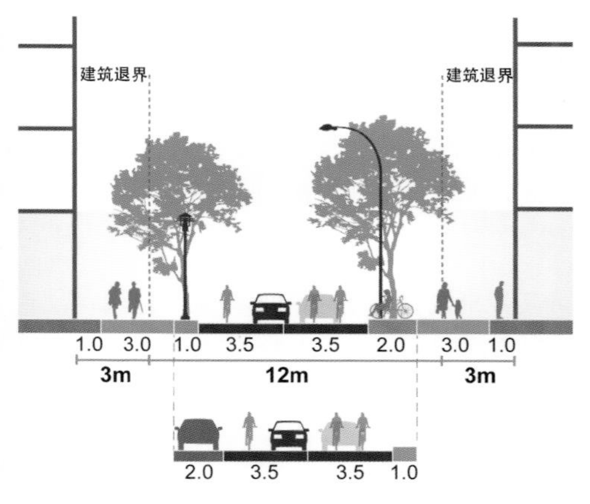

通过设置混行车道压缩车型区域宽度，单侧设置设施带，结合非对称断面形成水平线位偏移控制车速

Reduce the breadth of the traffic area by setting mixed lanes. Facility belts should be set up at one side and vehicle speeds are controlled by horizontal position deviation with asymmetric sections

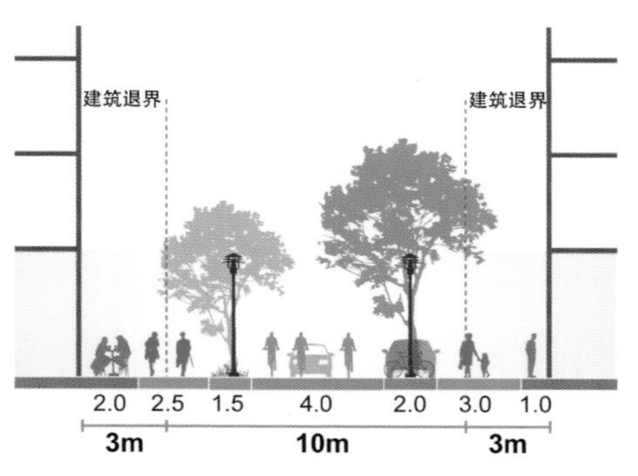

一块板方式设置人行道与非机动车道，利用设施带与绿化带进行人非隔离，非机动车道允许沿线地块到发车辆借用

Sidewalks and non-motor vehicle lanes should be set up using one-block method. The two types of roads are separated by facility belts and greenbelts. Motor vehicles can be driven on the bordering areas between motor vehicle lanes and non-motor vehicle lanes

设计要素

Design elements

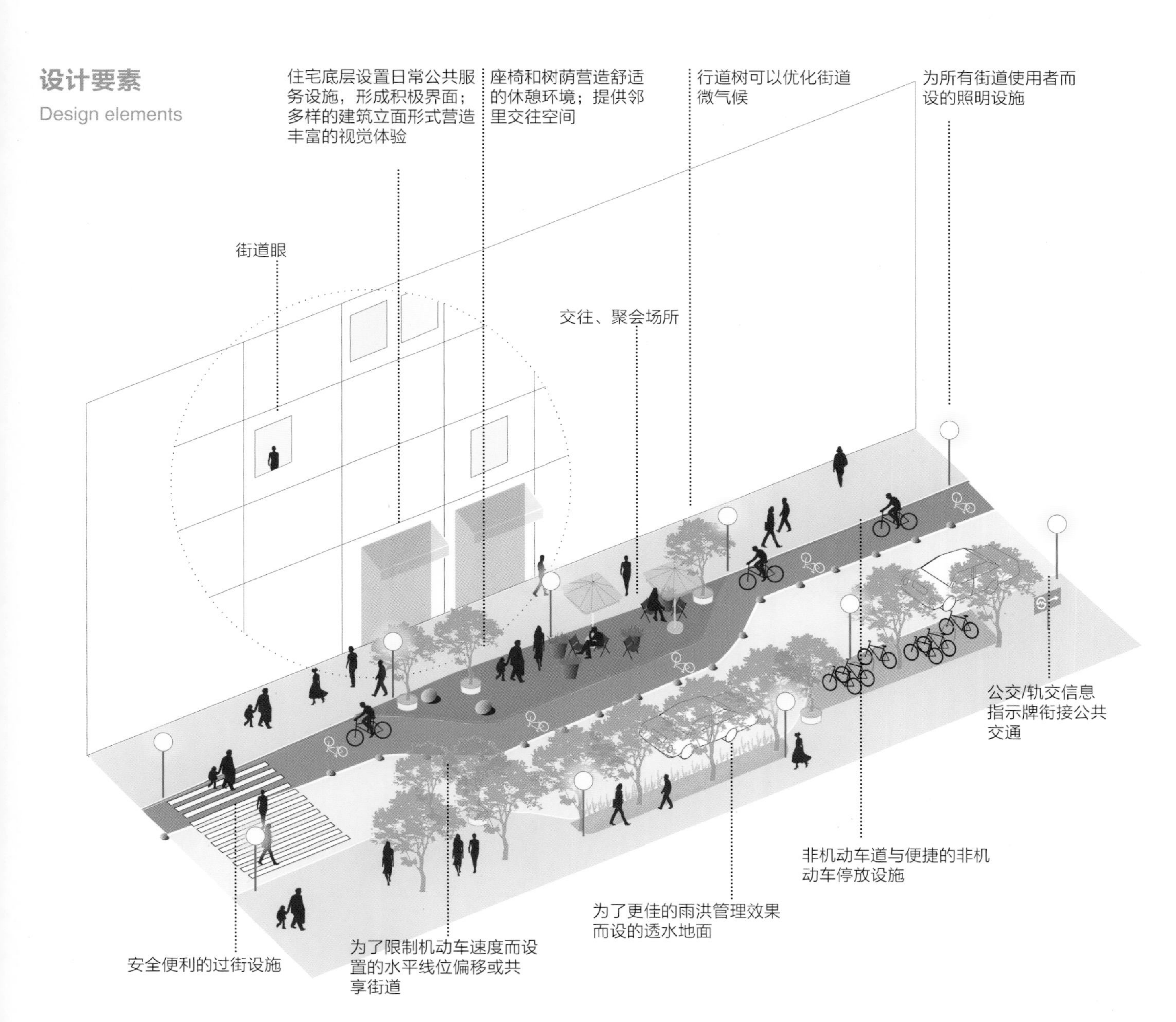

景观休闲街道 Landscape and leisure street

景观休闲街道是指景观或历史风貌特色突出、沿线设置休闲活动设施的街道。

街道类型 Street type

景观休闲街道主要包括林荫大道、景观街道、滨水街道、历史风貌街道等。林荫大道沿街种植四排及以上行道树；景观街道通过沿线建筑体现城市及地区风貌；滨水街道是沿河滨江的街道；历史风貌街道以两侧的历史建筑及行道树为主要景观特色。

沿街活动 Activities along streets

景观休闲街道的沿街活动以漫步、跑步、骑行等休闲活动为主，结合空间节点可以进行健身、休闲等活动。对于景观休闲街道而言，营造独特的景观特色并非目标，通过优美的景观激发街道活动才是根本目的。

居住社区和办公社区中可以形成小尺度的景观休闲街道，加强景观设计，促进社区内部的休闲与交往交流。

沿街活动与设计建议 Activities along streets and design suggestions

室外活动场地
Outdoor sports

休闲骑行
Leisure cycling

广场舞
Square dance

放风筝
Kite-flying

草坪休憩
Laying in the grass

有遮阴的座椅
Seats with tree shades

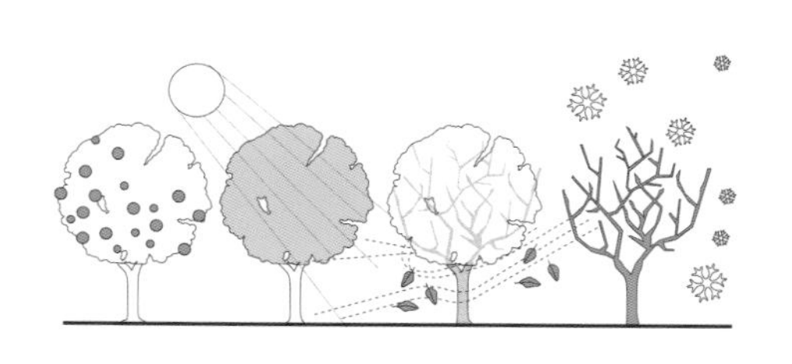

植物在四季形成不同景观
Different landscaped formed by plants in four seasons

亲水步道
Walking at water level

增加生物多样性、改善微气候的绿植
Green plants that increase biodiversity and improve micro climate

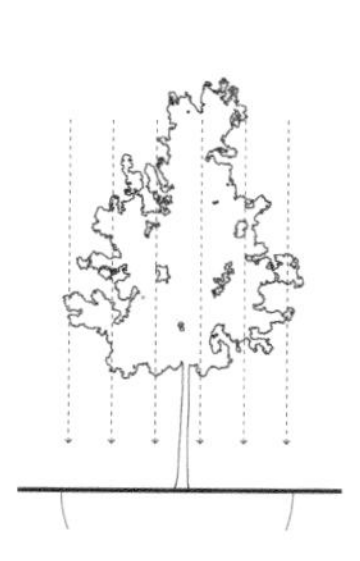

智慧雨洪管理设施
Smart management facilities for rains and floods

儿童游乐场地
Playing areas for children

亲子座椅
Family seats

可移动的食品和货物摊贩
Mobile vendor, food and goods

一般断面设计 General cross-section design

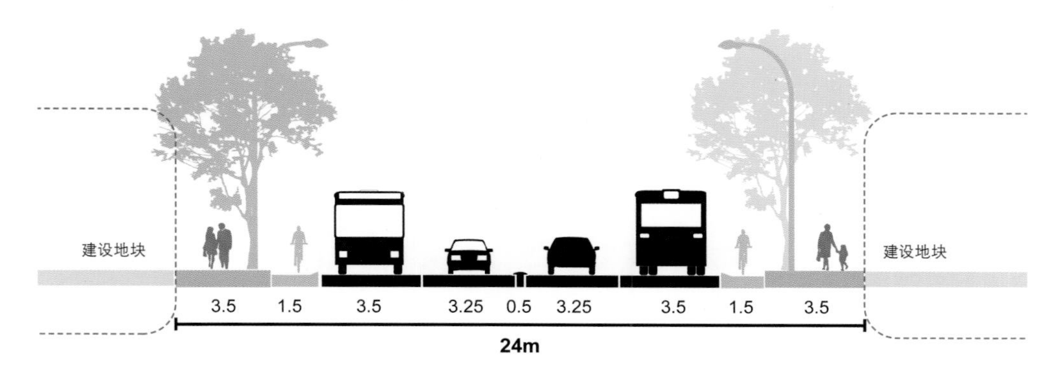

优化断面设计 Optimized cross-section design

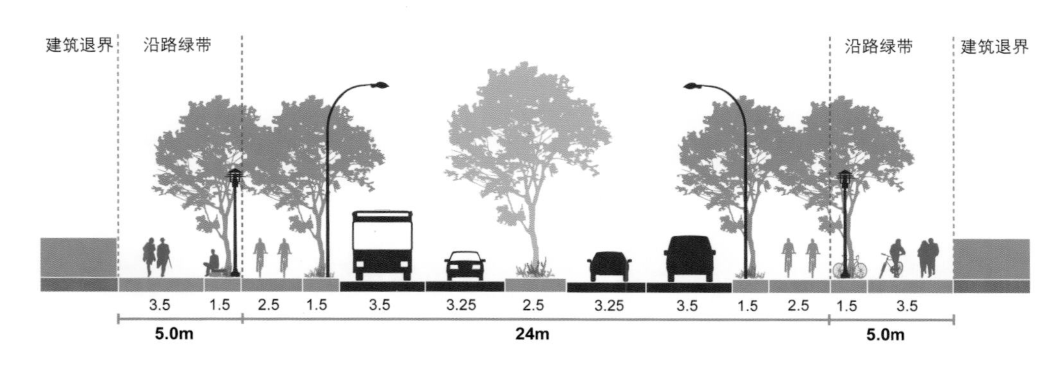

空间与设施 Spaces and facilities

沿街设置绿带的景观休闲街道，应将人行道与沿线绿带进行一体化设计，扩大可以使用的休闲活动空间。

鼓励沿街设置连续的自行车专用道、跑步道等设施。沿街设施带内除座椅、绿化、市政设施外，鼓励增加饮水、更衣室、公共厕所等设施。沿路休闲设施应考虑各种年龄人群的需求。

设施带宜位于步行通行区与自行车专用道或跑步道之间，方便不同活动人群的使用。

沿线缺乏商业服务设施的街道，应结合轨交与公交站点及重要的景观活动节点提供商业与服务设施，并重点增加座椅等休憩设施。

空间允许的情况下，可以沿路设置临时停车位与停车带，方便驾车者抵达。

沿街绿化与设施应兼顾景观性与实用性，提升绿地的可进入性，避免绿化成为活动的障碍。

行道树种植 Street trees planting

林荫大道应种植四排以上行道树，结合分车带以及沿人行道外侧种植的行道树宜选用高大的落叶乔木，内侧设置沿路绿化时，宜采用色叶树、花木与常绿树种进行搭配，形成丰富的四季色彩变化。

交通协调 Traffic coordination

鼓励沿街道设置公交线路。通过路径衔接强化滨水街道与社区和轮渡的联系，提升可达性。

推荐街道断面 Recommended cross-sections

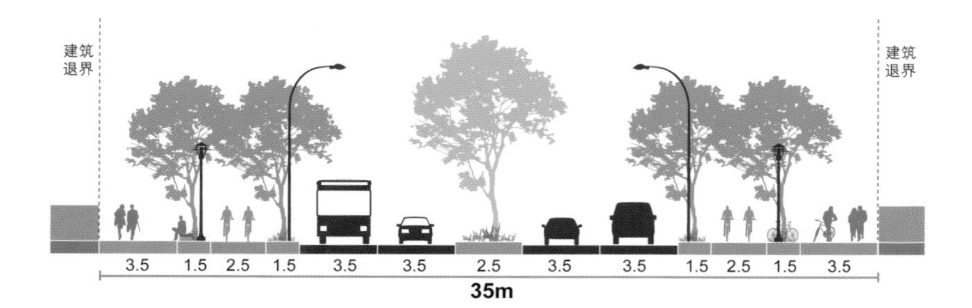

非机动车道两侧种植两排相同的行道树，提升骑行的景观体验

Plant two rows of the same type of street trees along the two sides of non-motor vehicle lanes to have better landscape experience during cycling

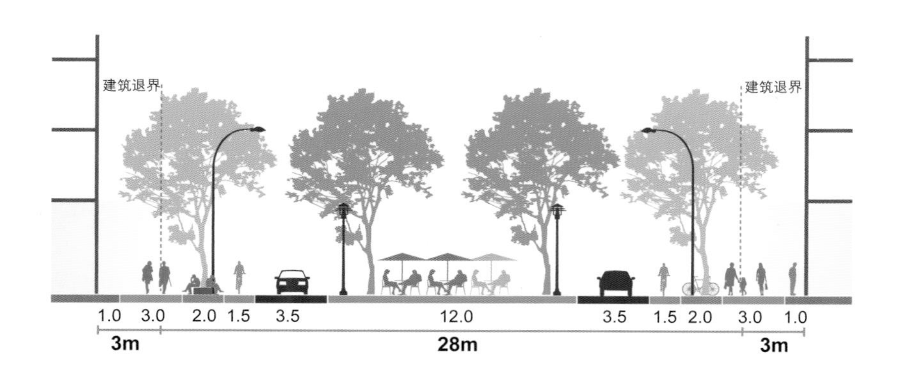

中央设置8米宽的景观与活动带，提供休憩与外摆空间，两侧人行道结合建筑退界进行一体化设计

Set up an 8-meter-wide landscape and activity belt in the center to provide a space for resting and outdoor displaying. The sidewalks on the two sides should be designed while considering the setback areas of architectures

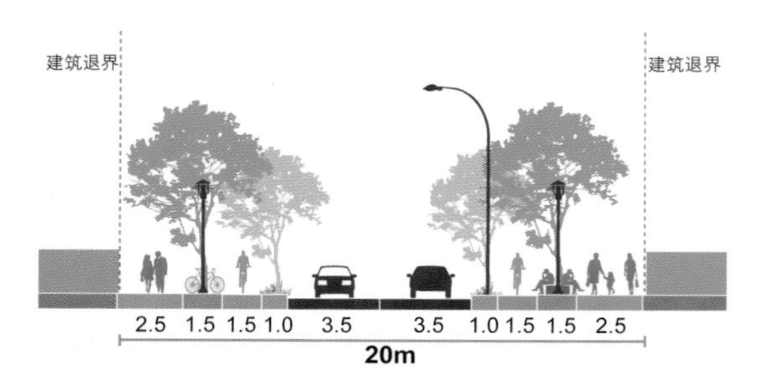

种植四排行道树，沿路设置活动休憩设施

Plant four rows of street trees and set up activity and resting facility along the street

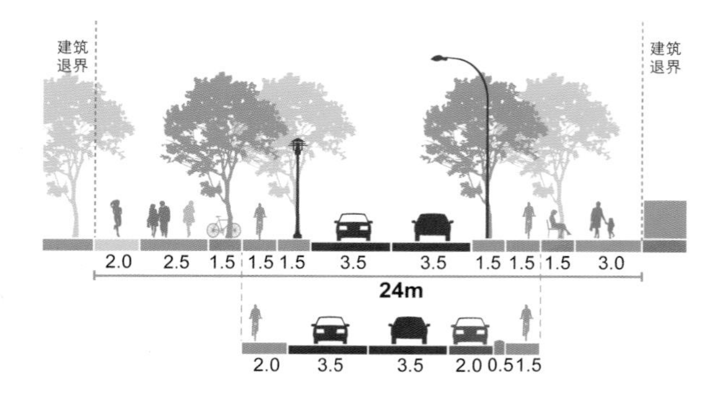

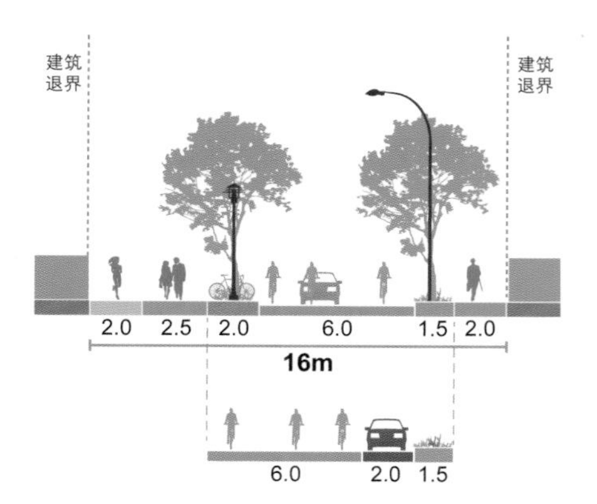

采用非对称断面，单侧形成较宽的活动区域与水平线位偏移

Asymmetric cross-section allows for a relatively wide activity area and horizontal position deviation on one side

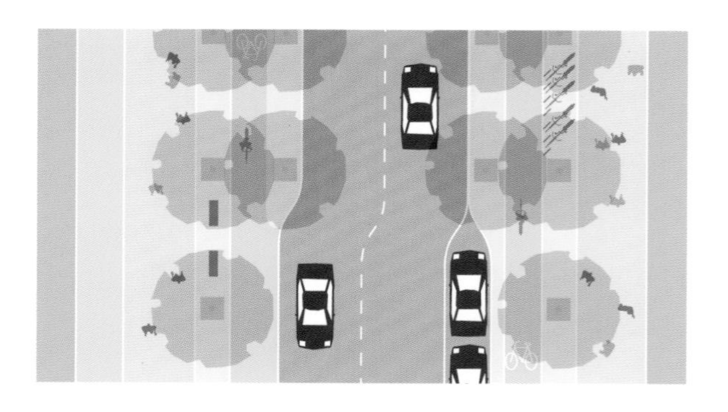

临公园、绿地设置跑步道；沿路种植四排行道树与设置抬高式非机动车道，营造舒适的骑行环境。局部可设置路侧停车

Set up running lanes near parks and greenbelts; plant four rows of street trees and raised non-motor vehicle lanes to create a comfortable and pleasant cycling environment. Parking at the roadside can be arranged at some places

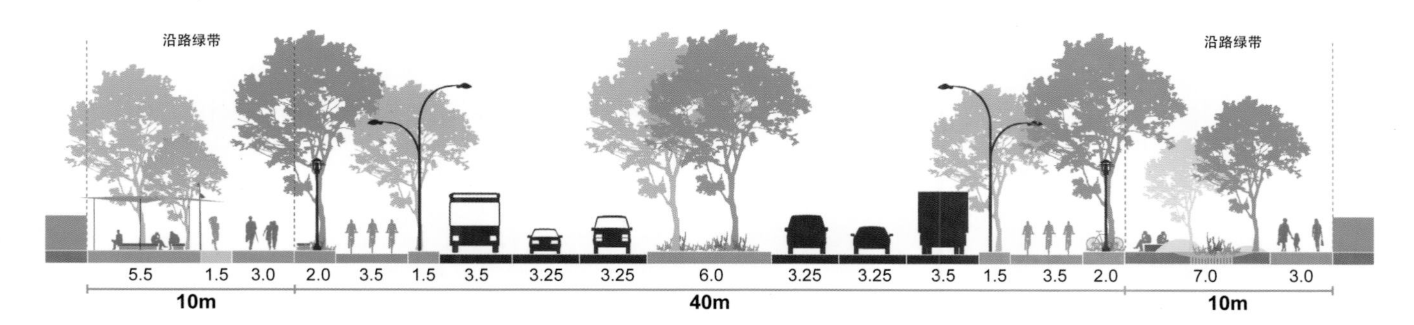

利用中分带、侧分带及沿人行道共种植6排行道树，红线与绿线范围内一体化设计，灵活设置休憩节点与雨水花园等活动与景观设施

Plant 6 rows of street trees using middle greenbelts and greenbelts at one side and along sidewalks. Carry out an integrated design for the area within the red lines and greenbelt lines and flexibly set up activity and landscape facilities such as resting nodes and rainwater gardens

设计要素 Design elements

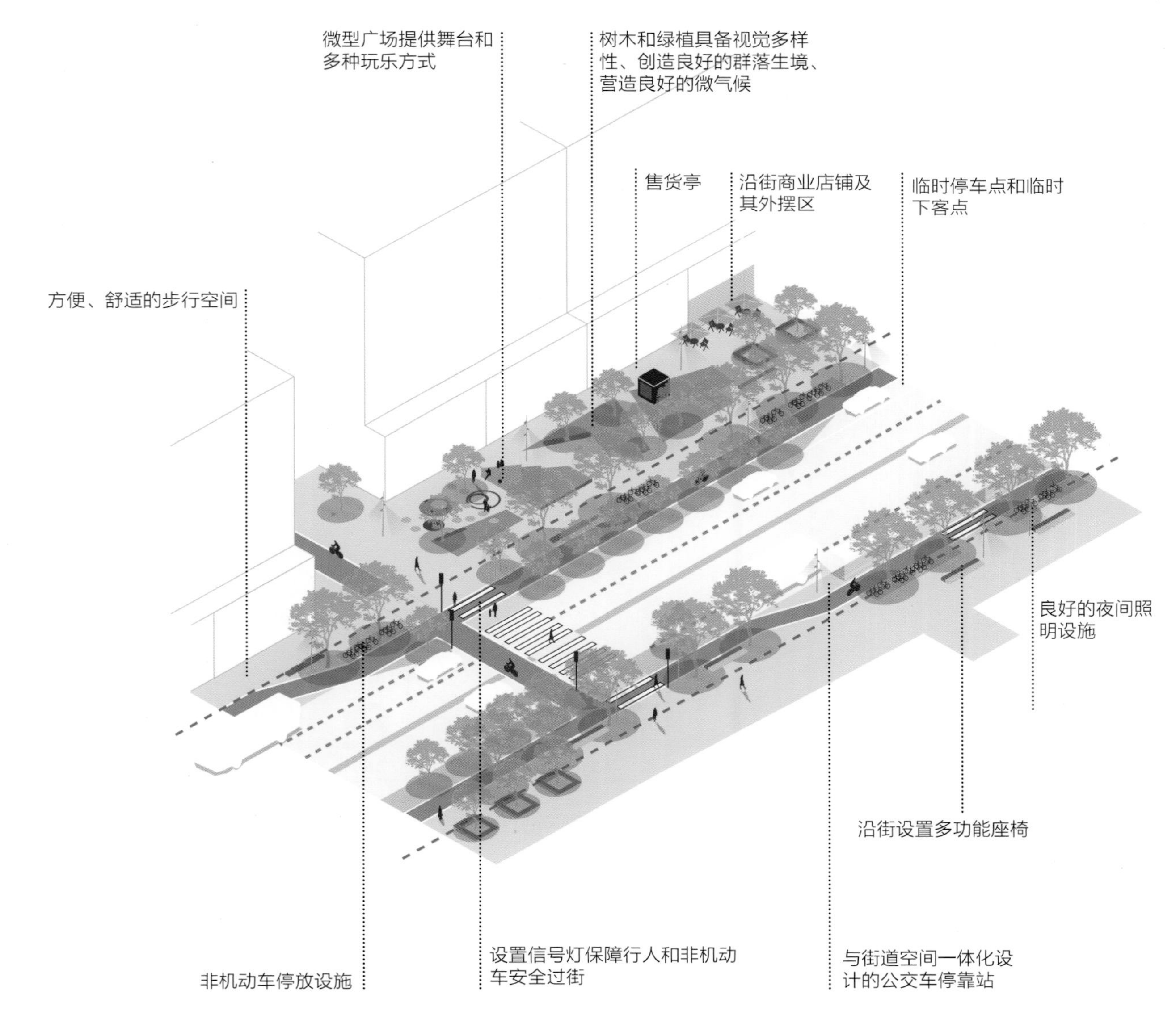

交通性街道
Traffic-oriented street

交通性街道是指以非开放式界面为主，非交通性活动较少的街道。

沿街活动 Activities along streets

各类交通是交通性街道的主要活动内容。对于交通干道而言，机动车交通构成了交通的主要部分。对于一些社区内部的街道而言，步行、非机动车交通与机动车到发、临时停靠共同构成了这些街道的主要活动内容。

空间与设施 Spaces and facilities

交通性街道应根据步行交通、公共交通、非机动车交通、货运交通、机动车交通和静态交通的需求对空间进行统筹分配，并对优先级较高的交通方式进行优先保障。

一般断面设计 General cross-section design

优化断面设计 Optimized cross-section design

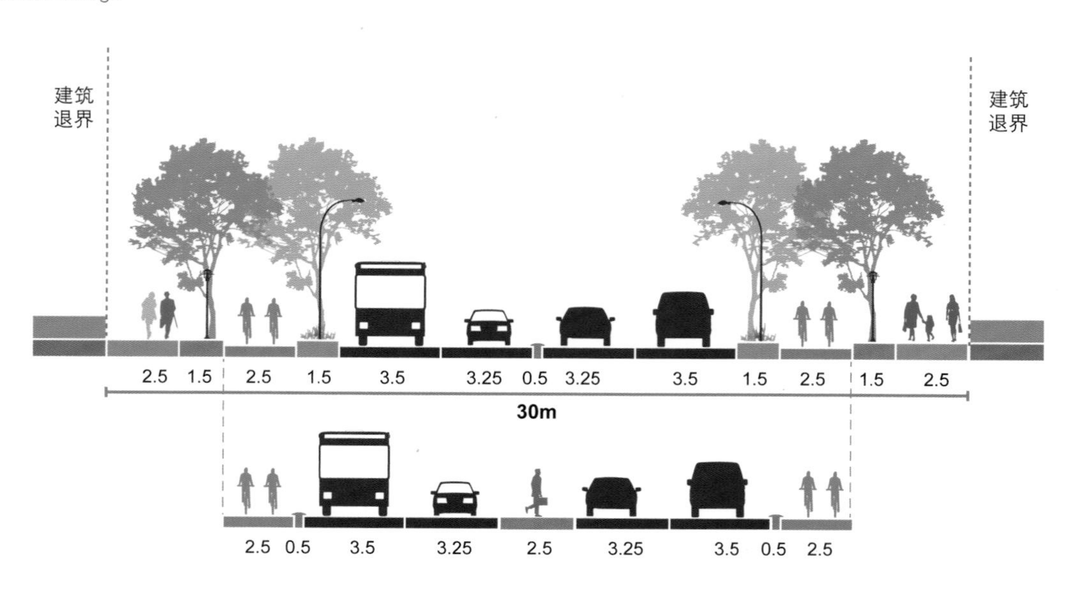

推荐街道断面 Recommended cross-sections

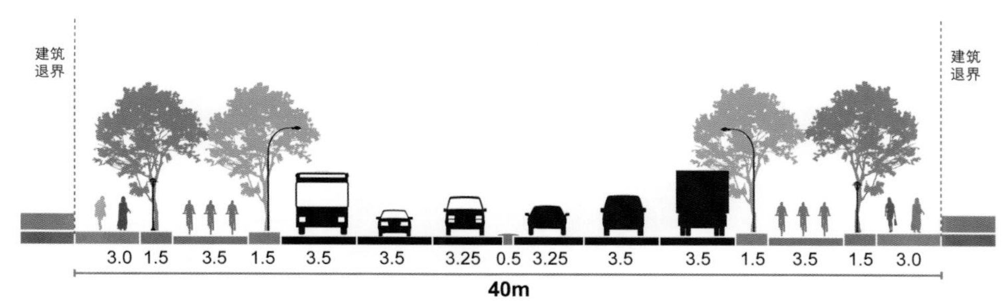

路段中优先保障侧分带宽度，种植行道树进行机非分隔，并为骑行者提供遮阴。路口缩减侧分带宽度在中央形成安全岛

For a road, the breadth of greenbelts at its side should be guaranteed in the first place. Plant street trees to separate motor and non-motor vehicle lanes and provide tree shades for cyclists. At the intersection, the breadth of greenbelts at the side should be decreased to form a safety island in the center

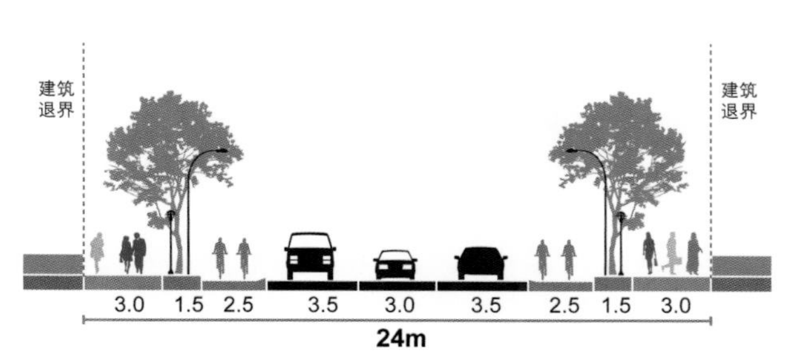

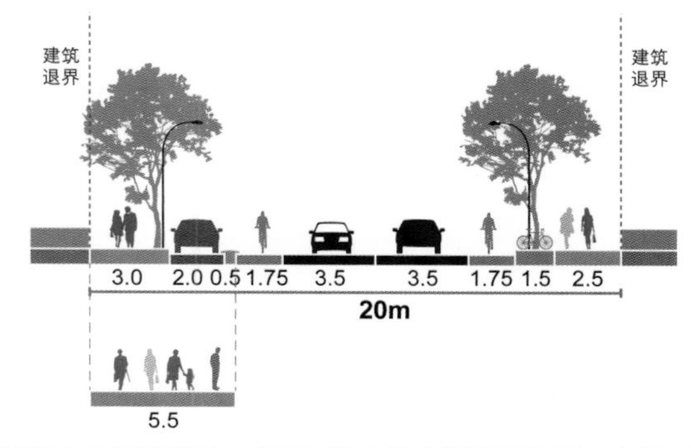

提供三条机动车道，机非采用隔离墩或较矮的栏杆进行隔离

Provide three motor-vehicle lanes and use separation barriers and short railings to separate motor and non-motor vehicle lanes

设置路中人行横道时，应利用停车带空间设置路缘石突起，缩短行人过街距离，并提高行人的可见性

While setting up the pedestrian crossing in the middle of the road, use the space of parking areas to arrange curb extensions to decrease the length of the pedestrian crossing and increase pedestrians' visibility

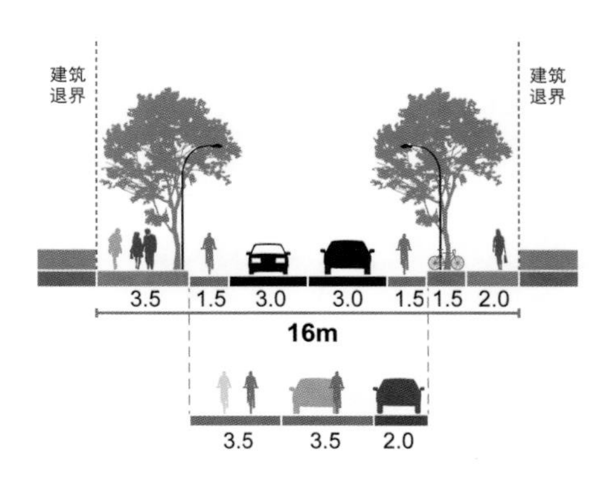

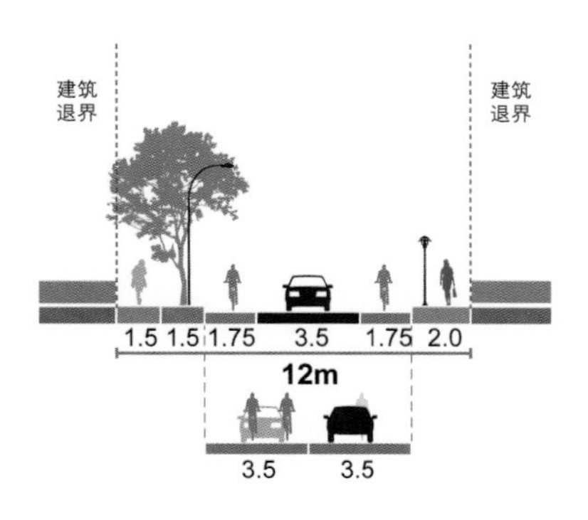

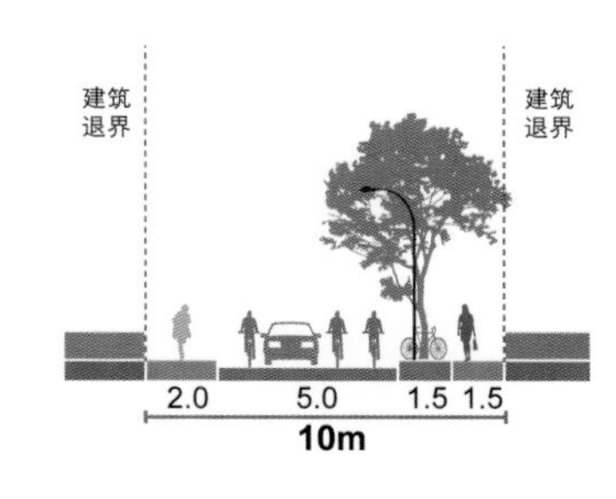

作为交通支路时，可保证双向行驶与机非分离。作为社区支路时，可设置两条混行车道与单侧停车带

For a traffic branch, bi-directional traffic and separation between motor and non-motor vehicle lanes can be guaranteed. For a community branch, two mixed-vehicle lanes and parking belts at one side can be set up

作为交通支路时，可设置单向机动车道，应对较高的机动车通行需求。作为机动车交通量不大的社区支路时，可设置混行车道，允许机动车双向行驶

For a traffic branch, one-way motor vehicle lanes can be set up to meet higher traffic movement demands. For a community branch without much motor vehicle traffic, mixed-vehicle lanes allowing for bi-directional motor vehicle traffic can be set up

中央设置5米慢行车道，允许机动车单向借用。采用对称断面，单侧种植行道树，控制设施带宽度，保证基本步行通行区

Set up a 5-meter-wide non-motorized traffic lane in the center which allows motor vehicles to use temporarily. Adopt symmetrical cross-section, plant street trees at one side, and control the width of facility belts to guarantee basic walking area

综合性街道

Mulit-purpose street

街段功能与界面类型混杂程度较高，或兼有两种以上类型特征的街道。对于综合性街道，街道设计应当兼顾多种类型特征的要求，对街道活动进行研究，进行有针对性的街道设计。

4. 街道交叉口
Street intersections

交叉口是行人、非机动车、机动车交汇的节点，也是交通事故易于发生的冲突点。通过改进交叉口设计可以提供安全、舒适的过街体验，可以降低交通事故数量。

交叉口应为所有的使用者提供良好的视野，并尽量保持空间紧凑。应通过标识明确通行的优先级。应整体研究交叉口设计与交通组织，以简化交通流线，提高交通效率。鼓励结合交叉口增加公共空间、结合路缘石半径缩窄增加等候空间。

宽路幅与较宽路幅街道交叉口应增加安全的等候空间和步行过街导向性，可通过设置安全岛，避免由于过街距离过长给行人造成心理障碍。交叉口内应提供明确的行车引导线，鼓励通过标线和分色铺装标识出非机动车过街通道。

宽路幅与较宽路幅街道交叉口设计
Street intersection design for road with wide breadth and road with relatively wide breadth

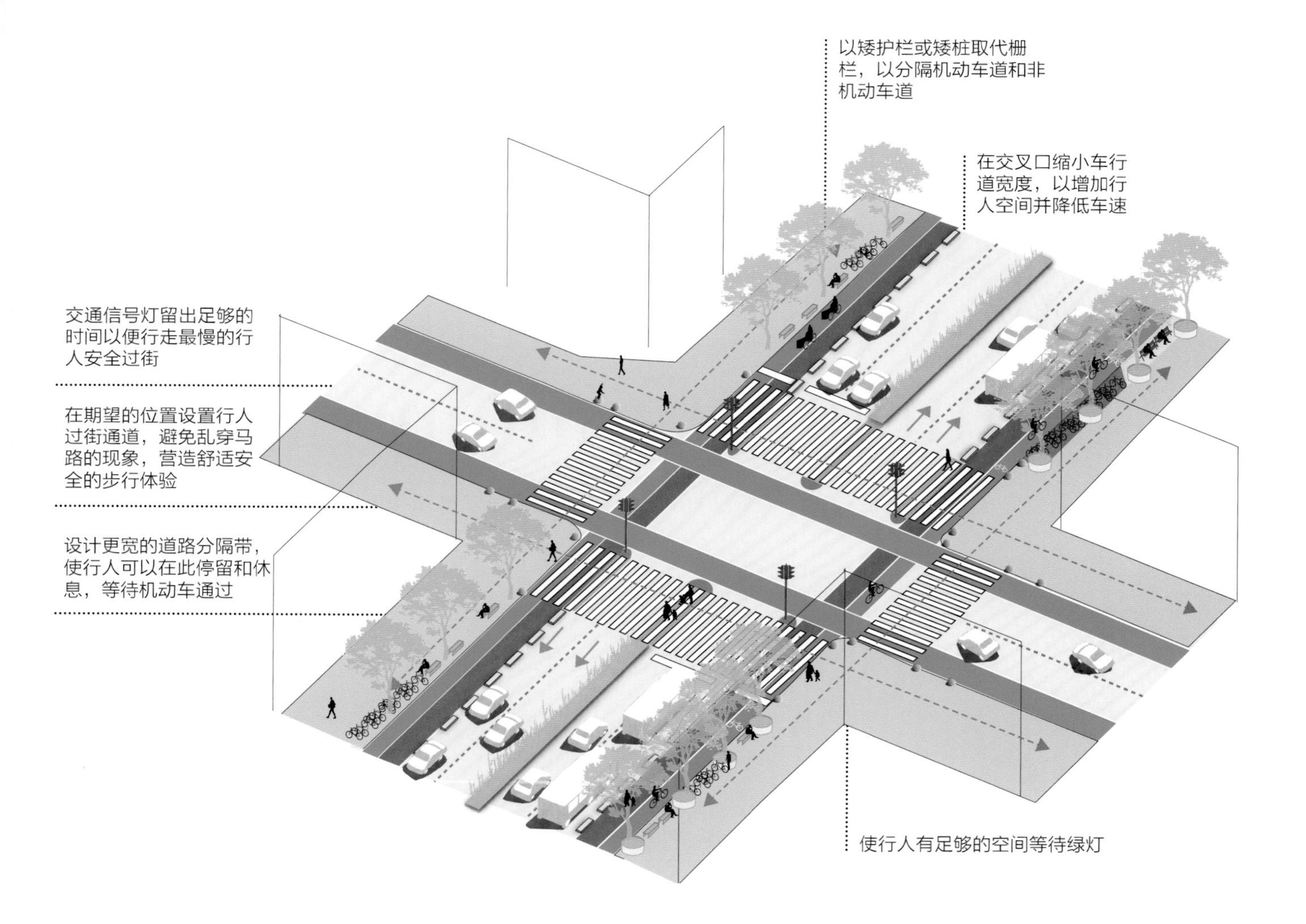

较宽路幅与窄路幅街道交叉口可通过街道设计强调优先权，例如穿越窄路幅街道的人行横道采用连续人行道铺装。

窄路幅与窄路幅街道交叉口鼓励将路口设计为共享空间，通过交叉口抬高、全铺装交叉口等方式控制车速，提供安全、舒适的过街环境。

宽路幅与窄路幅街道交叉口设计
Street intersection design for road with wide breadth and road with narrow breadth

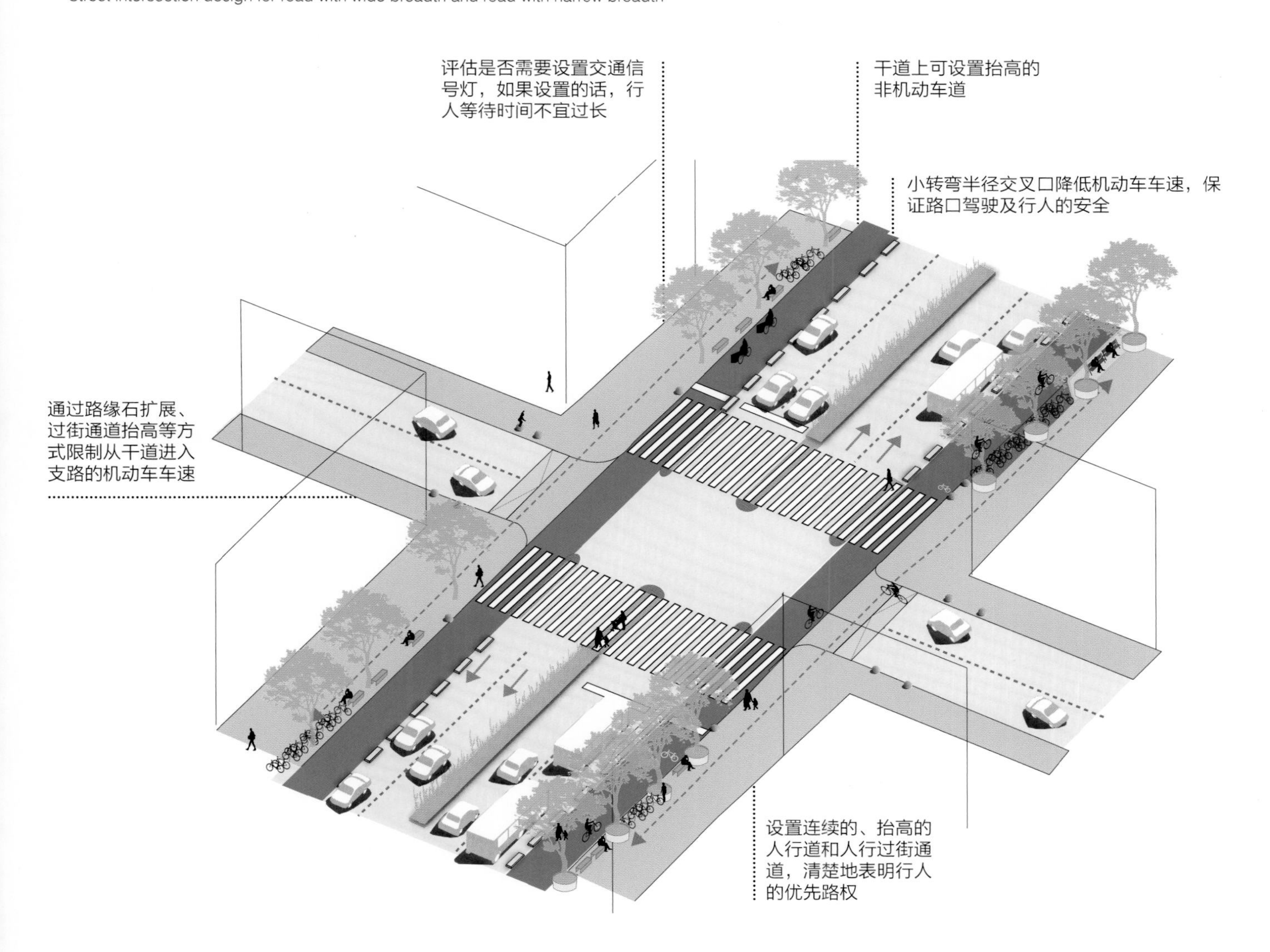

第十章 实施策略

CHAPTER 10 IMPLEMENTATION STRATEGIES

导则的实施和运用需要政府部门、沿线业主、设计师、企业和公众的共同参与和鼎力协作。街道设计的实践过程，也是街道导则不断完善的过程。只有各方牢牢坚持“以人为本”的共同价值理念，不断创新和完善管理机制，形成良好的制度保障和舆论氛围，才能不断推动城市街道的转型发展。

The implementation of the guideline needs the participation and cooperation of government departments, house owners along street, designers, enterprises and the public. The implementation of the guideline is also a constant improvement for the guideline. All parties should adhere to the common value of “putting people first”, constantly innovate and improve management mechanism, and foster good institutional assurance and public opinions atmosphere. Only in this way can the transformation and development of urban streets be constantly advanced.

1. 规划引领

Lead through the guideline

街道转型必须坚持规划引领和统筹设计，面向城市人性尺度进行“空间再创造”。

完善系统专项规划

Improve systematic and specific planning

贯彻落实“公交优先”“行人优先”的交通发展战略，逐步完善公共交通系统规划、步行系统规划、非机动车系统规划等规划内容，促进交通方式向绿色交通转变，为街道设计提供交通模式选择的基本依据。在道路规划中，倡导根据沿线功能进行街道分类的方法，丰富街道的管控要素。

坚持道路集约用地标准

Adhere to the standard for intensive land using

在规划中坚持道路集约用地标准，根据道路分级分类和沿线建设条件，合理确定红线宽度、交叉口红线半径，并充分考虑对历史建筑的保护和历史人文的传承。

加强街道空间一体化管控

Strengthen the integrated management and control over street spaces

在城市规划阶段，应加强对地区混合用地、街道断面、基本街道设施、街墙高度、底层用途等街道相关要素的管控；在建设实施阶段，增加街道空间一体化设计内容，并探索将道路项目规划管理和沿线建筑项目规划管理统筹考虑，提升道路与沿街建筑的设计品质。结合“地区规划师”和“社区规划师”制度，为街道设计提供长期跟踪服务，不断提升街道风貌和品质。

2. 开放包容

Open-minded and tolerant

部门协同 Interdepartmental coordination

为保证街道的系统性与整体性，促进街道各功能的协调均衡发展，应加强规划、交通、交警、绿化市容等管理部门在规划、工程设计环节的沟通协调。在各部门沟通协调基础上，划分街道规划、建设与管理维护的权责，明确责任主体和建设维护标准，保障人员配置。

公众参与 Public participation

街道规划建设工作强调开放性，应充分调动沿街业主、街道周边居民及社会公众的积极性。将社区和文化部门纳入到街道的规划设计与建设管理体系中来，充分发挥设计师的主观能动性，引导市民介入街道空间环境设计与维护。

动态更新 Dynamic update

结合城市发展需求和街道设计实践，不断丰富和完善导则内容。定期对导则实施情况进行评估，适时启动导则的修订和更新，保持导则的前瞻性、引领性和可发展性。

3. 弹性实施

Flexible implementation

弹性目标管控 Flexible target management and control

根据街道导则实践情况，建立以人为核心的街道品质评价体系，形成面向活力、景观、文化等诸多要素的评价指标，对街道建设的完成度进行评估，促进环境品质渐进式提升。

街道的阶段性改造 Stage-by-stage transformation of streets

鼓励通过划线、盆栽等临时性方式对道路断面布置和路缘石、转弯半径进行调整，快速实现增加慢行空间、设置休憩节点等目的，并对实施情况进行评估，为持久性改造方案提供参考。

街道使用的分时段管理 Divided-time-period management for using streets

对于步行交通量较大的支路，可在步行需求较大的时段禁止机动车驶入，形成步行街区。

可利用周末和节假日，对街道进行无车化管制，进行社区街道活动或组织自行车骑行，宣传慢行出行理念，强化街道作为公共开放空间的公共认知。

划定机动车通行限速区 Speed zone planning for motor vehicles

建议路网较为密集的公共活动中心、居住社区和产业社区，结合慢行单元划定机动车通行限速区，对道路采用30公里/小时限速。综合运用缩窄车道、水平线位偏移、路面抬升等设计措施与管理措施相结合，限制车辆行驶速度。

分期建设 Stage-by-stage construction

街道建设与改造的实施过程中，资金、措施强度、土地权属等因素都可以决定规划措施的分期统筹。地下管线、道路基础设施以及市政绿化部分可以先期、同步实施，资金依赖度强、产权负责、牵扯多房产权人等的改造措施可以视情况、分批弹性实施。

4. 保障机制 Guarantee mechanism

建设机制 Constructing mechanism

形成人行道与退界空间一体化设计与建设机制，明确牵头单位职责、沿线业主意见征询程序、设计与建设费用分担规则，设施管理维护责任。

激励机制 Motivation mechanism

建立街道评价体系，设立最佳街道奖项，鼓励符合设计导向的街道设计与建设。奖励对象应当包括相应部门、基层政府、开发公司及设计师。

对提供开放地块内部公共通道、开放退界空间并提供相应设施的沿路业主和商户进行奖励。奖励方式主要包括税收优惠、政府补贴及结合城市更新享受土地和规划政策等。

协商机制 Consultation mechanism

搭建政府、开发商、沿线业主之间的沟通平台，鼓励各方共同参与街道的设计与改造，协调各方诉求，解决街道建设、使用和管理中出现的具体问题。

资金保障 Fund security

加强市区两级的公共财政投入，鼓励社会资本参与街道及附属设施的建设和运营，保证高品质街道空间环境的建设与维护成本。鼓励和吸引国内外高水平设计单位、设计师参与街道的规划设计。形成相应机制和平台，鼓励沿街业主参与对公共环境品质进行投资。

完善标准 Standard improvement

落实“窄马路、密路网”的城市道路布局理念和街道设计的基本导向要求，在上海城市空间资源紧约束的条件下，需要对现行的道路、消防、住区设计等相关技术标准规范进行修订和完善。

文明创建 Well-conducted implementation

倡导驾驶者和行人文明出行，与沿线业主共创文明街道。营造守法、有序、礼让的交通环境，规范街道公共场所中的行为礼仪，共同维护街道设施。发挥相关公益组织的作用，鼓励社区联合公益组织开展街道活动，宣传文明理念。

5. 控详规划管控建议
Detailed regulatory planning and suggestions for management and control

整单元控规尺度 Whole-unit regulatory scale

上海中心城区的控规单元尺度（2~4平方公里）应注重塑造结构合理的公共活动网络，对交通、功能、开放空间与形态等要素的统筹协调，确定商业、社区生活与休闲运动等各类活动的主要片区、节点与廊道，为进一步明确街道定位提供基础。

局部控规尺度 Partial regulatory scale

局部控规尺度应当对区域内街道职能进行分工，明确相关街道定位。有条件的情况下，可以通过补充公共通道提高可达性。活力街道两侧可以通过对建筑控制线、沿街第一界面高度、积极界面区段、慢行交通通道要素，对空间界面的连续度与尺度、底层功能业态、入口数量、界面透明率进行管控，明确道路与退界空间需要进行一体化设计的区段，并提供断面设计建议。

6. 更新地区街道规划建议

Suggestions for urban retrofit

街区协调 District coordination

如果城市是生命体，街道就是表皮，街坊地块则是肌体和血肉，肌体的功能运转必然反映在表皮的形象上。更新地区的街道改造，不应局限于街道本身，而是注重与街坊地块的联系和协调。城市改造更新项目应当通过合理的街坊地块功能安排和设计排布，对街道沿街功能与活动形成支撑，为城市提供更多优质的街道积极界面。

实施步骤 Implementation steps

上海已经进入更新时代，对于大多数建成区而言，“规划蓝图–投资建设”两段式的实施模式已无法满足精细化规划与建设要求。结合街道改造进行的城市更新，应遵循分析调查—对策制定—措施分级—统筹实施的步骤来进行。

公众参与 Public participation

在分析调查、街道设计与更新方案制定阶段，公众参与必须作为重要环节，居民、业主以及公共利益代表必须承担决定性角色。

多元讨论 Diverse discussion

在充分参与和调查的基础上，专家、行业和决策者可以采用圆桌会议的形式讨论制定综合更新对策，方案应包含力度强弱不等的体系化、一揽子更新措施。

沟通机制 Communication mechanism

市民、业主、投资商等应在整个城市更新过程中有发表意见建议的渠道，规划师和政府主管机构应设立周期性、伴随性的工作站或信息站，辅以当今数字化信息交互平台手段，作为实施的有力保障。

附录
APPENDIX

上海市历史风貌道路名录
THE DIRECTORY OF SHANGHAI'S ROADS WITH HISTORICAL FEATURES

衡山路—复兴路历史文化风貌区	衡山路（天平路－桃江路）、淮海中路（乌鲁木齐中路–重庆南路）、复兴中路–复兴西路（华山路－重庆南路）、余庆路（淮海中路－衡山路）、兴国路（华山路－淮海中路）、华山路（江苏路－淮海中路）、巨鹿路（常熟路－陕西南路）、永嘉路（衡山路－陕西南路）、湖南路（华山路－淮海中路）、武康路（华山路－淮海中路）、泰安路（华山路－武康路）、华亭路（长乐路－淮海中路）、长乐路（华山路－陕西南路）、永福路（五原路－湖南路）、延庆路（常熟路－长乐路）、茂名南路（长乐路－永嘉路）、岳阳路（汾阳路－建国西路）、富民路（长乐路－巨鹿路）、太原路（汾阳路－建国西路）、思南路（淮海中路－建国中路）、康平路（华山路－高安路）、南昌路（陕西南路－雁荡路）、香山路（瑞金二路－复兴公园）、皋兰路（瑞金二路－复兴公园思）、高邮路（复兴西路－湖南路）、高安路（淮海中路－建国西路）、乌鲁木齐南路（淮海中路－建国西路）
愚园路历史文化风貌区	愚园路（定西路－乌鲁木齐北路）、武夷路（定西路－延安西路）、镇宁路（规划新闸路－永源路）、乌鲁木齐北路（新恩堂转折处－永源路）
南京西路历史文化风貌区	北京西路（胶州路－江宁路）、南京西路（铜仁路－石门一路）、铜仁路（北京西路－南京西路）、南阳路（铜仁路－陕西北路）、茂名北路（南京西路－威海路）、威海路（陕西北路－茂名北路）、陕西北路（新闸路－南阳路、南京西路–威海路）、奉贤路（江宁路–石门二路）
山阴路历史文化风貌区	溧阳路（四川北路－宝安路）、山阴路–祥德路（四川北路–欧阳路）、多伦路（四川北路间）、四川北路（东江湾路－海伦西路）、甜爱路（甜爱公寓－四川北路）、甜爱支路（四川北路－甜爱路）、长春路（山阴路－海伦西路）
人民广场历史文化风貌区	南京东路–南京西路（黄陂北路－浙江中路）、西藏中路（凤阳路－延安东路）、黄陂北路（南京西路－武胜路）、武胜路（黄陂北路－西藏中路）
外滩历史文化风貌区	北京东路（河南中路－中山东一路）、南京东路（江西中路－中山东一路）、九江路（河南中路－中山东一路）、汉口路（河南中路－中山东一路）、福州路（河南中路－中山东一路）、广东路（江西中路－中山东一路）、四川中路（天潼路－延安东路）、江西中路（南苏州路–广东路）、北苏州路–黄浦路（河南北路－武昌路）、圆明园路（南苏州路－滇池路）、虎丘路–乍浦路（北苏州路－北京东路）、香港路（江西中路－圆明园路）、大名路–中山东一路（武昌路－延安东路）、滇池路（四川中路－中山东一路）、南苏州路（中山东一路–江西中路）

老城厢历史文化风貌区	人民路−中华路（全部）、乔家路（巡道街/中华路－凝和路）、大境路（人民路－河南南路（以西）、文庙路（中华路－半泾园弄）、丹凤路（福佑路−方浜中路）、旧仓街−狮子街−松雪街（人民路−复兴中路）、丽水路−旧校场路（人民路−方浜中路）、方浜中路（河南南路−安仁路）、馆驿街−三牌楼路（方浜中路−复兴中路）、光启路−光启南路（昼锦路−黄家路）、福佑路（河南南路−人民路）、学宫街（梦花街−文庙路）、学前街（文庙路－蓬莱路）、蓬莱路（学前街－半泾园路）、迎勋北路（蓬莱路－尚文路）、沉香阁路（侯家路−旧校场路）、安仁街（福佑路−方浜中路）、露香园路（人民路−方浜中路）、尚文路（迎勋北路−河南南路）、梦花街（中华路−庄家街）、老道前街（梦花街−文庙路）、方浜中路（方浜中路（规划）−松雪街（以西）、安仁街（以东）−中华路）、药局弄（乔家路−巡道街）、先棉祠街−先棉祠南弄−也是园弄−金家旗弄（迎勋北路−凝和路）、望云路−凝和路（复兴东路−黄家路）、巡道街（复兴东路−药局弄）、梧桐路（安仁街以东−人民路）、青莲街（大境路－方浜中路）、小桃园街（复兴东路－河南南路）、西仓桥街（庄家街－河南南路）、豫园老路（旧校场路－安仁街）、四牌楼路（方浜中路—复兴东路）、宝带弄（方浜中路—昼锦路）、东街（昼锦路—复兴东路）、凝和路（蓬莱路−乔家路）、巡道街（复兴东路−药局弄）、梧桐路（安仁街以东−人民路）
虹桥路历史文化风貌区	虹桥路（环西大道－古北路）、哈密路（虹桥路−金浜路）
新华路历史文化风貌区	新华路（定西路－番禺路）
提篮桥历史文化风貌区	舟山路（昆明路－霍山路）、长阳路（海门路－保定路）、临潼路（长阳路－杨树浦路）、霍山路（东大名路－临潼路）、惠民路（杨树浦路－临潼路）
江湾历史文化风貌区	长海路−政府路（国光路−中原路）、市光路−国光路（民彝路−政立路）、政立路（恒仁路−淞沪路）、恒仁路（嫩江路−政立路）、三门路（国和路−闸殷路）、国和路（民庆路−政立路）、四平路（淞沪路−国权路）、邯郸路（淞沪路−国权路）、国福路（邯郸路−政修路）、国顺路（邯郸路−四平路）、国年路（邯郸路−四平路）、政修路（国定路−国权路）、国定路（邯郸路−黄兴路）、政化路（国定路−国权路）、国达路（邯郸路−政修路）、政熙路（国顺路−国权路）、政肃路（国达路−国权路）、国权路（邯郸路−四平路）
龙华历史文化风貌区	龙华老街（龙华路−龙华西路）

参考文献

REFERENCES

[1] City of New York. Active Design Guidelines: Promoting Physical Activity and Health in Design. 2010.

[2] City of New York. Active Design Guidelines: Shaping the Sidewalk Experience. 2013.

[3] National Association of City Transportation Officials. urban Street Design Guide[M]. Washington: Island Press, 2013.

[4] 阿兰 · B. 雅各布斯（美）. 伟大的街道[M]. 王又佳, 金秋野, 译. 北京：中国建筑工业出版社, 2009.

[5] 阿兰 · B. 雅各布斯（美）. 城市大街：景观街道设计模式与原则[M]. 台湾：地景企业股份有限公司, 2006.

[6] 彼得 · 琼斯（英）,纳塔莉亚 · 布热科（澳） 等. 交通链路与城市空间[M]. 北京：中国建筑工业出版社, 2012.

[7] 彼得 · 卡尔索普（美）, 杨保军, 张泉. TOD在中国：面向低碳城市的土地使用与交通规划设计指南[M]. 北京：中国建筑工业出版社, 2014.

[8] 保罗 · 塞克恩（意）,劳拉 · 詹皮莉（意）. 慢行系统：步道与自行车道设计[M]. 桂林：广西师范大学出版社, 2016.

[9] 陈丹燕. 永不拓宽的街道[M]. 南京：南京大学出版社, 2008.

[10] 承载, 吴健熙编. 老上海百业指南：道路机构厂商住宅分布图[M]. 上海：上海社会科学院出版社, 2008.

[11] 菲利普 · 巴内翰（法） 等. 城市街区的解体：从奥斯曼到勒 · 柯布西耶[M]. 北京：中国建筑工业出版社, 2012.

[12] 简 · 雅各布斯（加）. 美国大城市的死与生[M]. 金衡山, 译. 南京：译林出版社, 2005.

[13] 卡门 · 哈斯克劳（英）, 英奇 · 诺尔德（英） 等. 文明的街道：交通稳静化指南[M]. 郭志锋, 陈秀娟, 译.北京：中国建筑工业出版社, 2008.

[14] 凯文 · 林奇（美）. 城市意象[M]. 方益萍, 何晓军, 译. 北京：华夏出版社, 2001.

[15] 芦原义信（日）. 街道的美学[M]. 尹培桐, 译. 天津：百花文艺出版社, 2006.

[16] 佩特拉 · 芬克（德）. 城市街道景观设计[M]. 张晨, 殷文文, 译. 沈阳：辽宁科学技术出版社, 2014.

[17] 斯蒂芬 · 马歇尔（英）. 街道与形态[M]. 苑思楠译. 北京：中国建筑工业出版社, 2011.

[18] 上海市城市规划设计研究院. 上海市城市规划设计研究院规划设计作品精选集[M]. 北京：中国建筑工业出版社, 2003.

[19] 上海市城市规划设计研究院. 循迹 · 启新：上海城市规划演进[M]. 上海：同济大学出版社, 2007.

[20] 上海市建设委员会. 上海市居住区建设图集[M]. 上海：上海科学技术文献出版社, 1998.

[21] 孙平, 陆怡春, 傅邦桂 等. 上海城市规划志[M]. 上海：上海社会科学院出版社, 1999.

[22] 沙永杰, 纪雁, 钱宗灏. 上海武康路：风貌保护道路的历史研究与保护规划探索[M]. 上海：同济大学出版社, 2009.

[23] 维克多 · 多佛（美）, 约翰 · 马森加尔（美）. 街道设计：打造伟大街道的秘诀. 北京：电子工业出版社[M]. 程玺译. 北京：电子工业出版社, 2015.

[24] 威廉 · H. 怀特（美）. 小城市空间的社会生活[M]. 叶齐茂, 倪晓晖, 译. 上海：上海译文出版社, 2016.

[25] 扬 · 盖尔（丹麦）. 交往与空间[M]. 何人可, 译. 北京：中国建筑工业出版社, 2002.

[26] 扬 · 盖尔（丹麦）. 人性化的城市[M]. 欧阳文, 徐哲文, 译. 北京：中国建筑工业出版社, 2010.

[27] 张鹏. 都市形态的历史根基[M]. 上海：同济大学出版社, 2008.

相关规范、准则、规定和规程
RELATED REGULATIONS AND NORMS

[1] 城市道路交通规划设计规范GB 50220-95.

[2] 城市道路交叉口规划规范GB 50647-2011.

[3] 城市道路交叉口设计规程CJJ 152-2010.

[4] 城市道路绿化规划与设计规范CJJ75-1997.

[5] 城市道路设计规程DGJ 08-2106-2012.

[6] 城市道路平面交叉口规划与设计规程DGJ 08-96-2013.

[7] 建筑工程交通设计及停车库（场）设置标准DG/TJ 08-7-2014.

[8] 园林绿化植物栽植技术规程DG/TJ 08-18-2011.

[9] 上海市控制性详细规划技术准则（沪府办［2011］51号）.

[10] 上海市城市规划管理技术规定（土地使用 建筑管理）（沪府办［2003］12号，2011年修订）.

[11] 上海市绿道建设导则（试行）（沪绿容［2016］1号）.

[12] 上海市城市容貌标准规定，2005.

[13] 上海市绿化条例，2015修订版.

[14] 林荫道绿化建设设计规程（征求意见稿），2016.

[15] 上海市节约集约建设用地标准，2014.

图书在版编目（CIP）数据

上海市街道设计导则 / 上海市规划和国土资源管理局，
上海市交通委员会，上海市城市规划设计研究院主编 . -- 上海：同济大
学出版社，2016.10（2020.4 重印）
ISBN 978-7-5608-6567-6

Ⅰ . ①上… Ⅱ . ①上… ②上… Ⅲ . ①城市道路－城
市规划－建筑设计－上海 Ⅳ . ① TU984.191

中国版本图书馆 CIP 数据核字 (2016) 第 244698 号

上海市街道设计导则
SHANGHAI STREET DESIGN GUIDELINES

上海市规划和国土资源管理局
上海市交通委员会
上海市城市规划设计研究院 主编
Shanghai Planning and Land Resource Administration Bureau
Shanghai Municipal Transportation Commission
Shanghai Urban Planning and Design Research Institute Ed.

责任编辑 由爱华
责任校对 徐春莲
封面设计 唐思雯
装帧设计 黄舒怡
出版发行 同济大学出版社
（地址：上海市四平路 1239 号 邮编：200092 电话：021-65982473）
经 销 全国各地新华书店
印 刷 上海安枫印务有限公司
开 本 889mm × 1 194mm 1/16
印 张 11.5
字 数 368 000
版 次 2016 年 10 月第 1 版 2020 年 4 月第 8 次印刷
书 号 ISBN 978-7-5608-6567-6
定 价 98 .00 元

主编单位

上海市规划和国土资源管理局
上海市交通委员会
上海市城市规划设计研究院

参编单位

盖尔建筑师事务所
宇恒可持续交通研究中心
上海市城市建设设计研究总院

协编单位

能源基金会
同济大学408研究小组
“一览众山小—可持续城市与交通”之志愿者团体
上海城市公共空间设计促进中心
《上海城市规划》编辑部
上海城市设计联盟
上海西岸开发（集团）有限公司
上海瑞安房地产发展有限公司
上海市政工程设计研究总院（集团）有限公司

华东建筑设计研究总院
SOM建筑设计事务所
贝诺建筑设计事务所
德国ppas佩西建筑师城市规划师事务所
德国SBA公司
上海大瀚建筑设计有限公司
德国HPP亨派建筑设计咨询（上海）有限公司
深圳市城市空间规划建筑设计有限公司
澳大利亚Hassell锳晓设计咨询（上海）有限公司

上海市浦东新区陆家嘴社区公益基金会　上海市路政局
黄浦区规划和土地管理局　静安区规划和土地管理局
徐汇区规划和土地管理局　长宁区规划和土地管理局
杨浦区规划和土地管理局　虹口区规划和土地管理局
普陀区规划和土地管理局　浦东区规划和土地管理局
宝山区规划和土地管理局　嘉定区规划和土地管理局
闵行区规划和土地管理局　松江区规划和土地管理局
青浦区规划和土地管理局　奉贤区规划和土地管理局
金山区规划和土地管理局　崇明区规划和土地管理局

特约媒体

中国建设报、文汇报、澎湃新闻

上海市街道设计导则

SHANGHAI STREET DESIGN GUIDELINES

上海市规划和国土资源管理局
Shanghai Planning and Land Resource Administration Bureau
上 海 市 交 通 委 员 会
Shanghai Municipal Transportation Commission
上海市城市规划设计研究院
Shanghai Urban Planning and Design Research Institute

主编
Ed.

同济大学出版社
TONGJI UNIVERSITY PRESS